Der Maschinen- und Vogelflug.

Eine historisch-kritische flugtechnische Untersuchung.

Mit besonderer Hervorhebung der Arbeiten von
Alphonse Pénaud

von

Josef Popper-Lynkeus.

Mit Figuren im Text

Erweiterter Sonderabdruck
aus der Automobil- und Flugtechnischen Zeitschrift
„DER MOTORWAGEN".

BERLIN W.
Verlag von M. Krayn
1911.

Vorrede.

Die Literatur über Luftschiffahrt schwillt mit jedem Tage mehr an und es ist daher einigermaßen gewagt, mit einem neuen Werk über Aviatik hervorzutreten. Um so mehr, als wir unter den Lehrbüchern wie auch unter den ganz populären Werken schon einige ganz vorzügliche besitzen.

Ich trete aber dennoch mit diesem Buche vor die Oeffentlichkeit, weil meine Behandlungsart von allen bisherigen abweicht und mir geeignet scheint, Klarheit über viele wichtige Punkte zu verbreiten, wie sie bisher wohl noch kaum dargeboten wurde; und weil sie andererseits über so manche wichtige oder interessante Probleme historische Mitteilungen bringt, die dem großen Publikum und selbst den meisten Flugtechnikern unbekannt sind.

Besonders möchte ich aber die Behandlung des Vogelfluges nach ihrer mechanischen Seite hervorheben; hier wird man auch wesentlich Neues finden, namentlich meine Art der Berechnung der beim Vogelfluge aufgewendeten Arbeit; welche Methode ich zwar schon vor dreißig Jahren (im österr. Ingen.- und Archit.-Verein) vorgetragen, bisher aber noch nicht publiziert habe.

Es ist selbstverständlich, daß in einer so wenig umfangreichen Arbeit wie die vorliegende nur die wichtigsten Fragen der Aviatik behandelt werden konnten, und dies nur insoweit, um die Grundzüge ihrer Beantwortung kennen zu lernen. Ich glaube jedoch, nichts für die Aviatik Wesentliches, sei es in theoretischer, sei es in praktischer Beziehung, übergangen zu haben.

Bei der Besprechung der Luftwiderstandsgesetze habe ich die allerneuesten experimentellen Untersuchungen, so interessant und vielversprechend sie auch sind, nicht mitberücksichtigt. Und dies aus dem Grunde, weil sie erst den Anfang neuer Einsichten repräsentieren, die noch lange fortgesetzter Versuche bedürfen, bevor sie unbestrittene und so klare sein werden, daß sie sich einer physikalischen oder gar mathematischen Zusammenfassung, also der Gesetzform, unterwerfen können. Ich meine hier die Versuche über kritische Neigungswinkel bei schiefen Luftströmungen und ganz besonders die Experimente und auch deren theoretischen Deutungen, die sich auf die Rolle beziehen, welche die Rückseite der vom Luftstrom getroffenen Flächen oder Körper spielt. Bekanntlich wird sowohl bei Flächen — und besonders bei gewölbten Flächen — als auch bei den Propellerschrauben den Vorgängen auf der hinteren, nicht gedrückten oder auf die Luft drückenden, Partien immer mehr Gewicht gelegt, ja von manchen Autoren vielleicht mehr, als es berechtigt sein dürfte.

Was die Personalien in meinem Essay betrifft, so habe ich hier wie seit jeher in meinen Publikationen mich auf das äußerste bemüht, jedem Forscher oder Mitarbeiter im Gebiete der Flugtechnik Gerechtigkeit widerfahren zu lassen. Von irgend welchen Vorurteilen oder außerfachlichen Tendenzen weiß ich mich vollkommen frei.

Daß ich die Arbeiten von Alphonse Pénaud so hoch stelle, daß ich sie zur Basis meiner ganzen Entwicklung machte, wird jeder, der meinen Bericht über diese Arbeiten gelesen haben wird, begreifen und wohl auch billigen. Andererseits dürfte es den Leser interessieren, in Pénaud einen jener genialen Ingenieure kennen zu lernen, die ganze Gebiete der Physik oder Technik begründeten; einen Techniker, der im Gebiete der Flugtechnik ähnliche Leistungen aufzuweisen hat, wie Poncelet in jenem der Mechanik, Fresnel in dem der Optik und S. Carnot in der Wärmelehre.

Ich möchte nur noch erwähnen, daß dieser Essay bereits im Jahre 1910 im „Motorwagen“ (Berlin) erschien und mit den Artikeln in jener Zeitschrift „Alphonse Pénaud, der Vater der modernen Aviatik“ bis auf einen neuen Zusatz über Vergleichung des Maschinen- und des Vogelflugs identisch ist.

Wien im November 1910.

D. V.

Inhaltsverzeichnis.

I.

Der Name Pénaud ist allen jenen, die sich nicht fachlich mit der Luftschiffahrt beschäftigen, gänzlich unbekannt. Selbst die Flugtechniker kennen Pénaud nur als den Erfinder des sogenannten Pénaud-Steuers, das auch noch bei den heutigen Flugmaschinen angewendet wird. Die Verfasser aeronautischer Handbücher wissen allerdings viel mehr von ihm, und manche, wie z. B. O. Chanute in seinem im Jahre 1894 erschienenen Werk „Progress on flying machines" und R. Nimführ in seinem 1909 publizierten „Leitfaden der Luftschiffahrt- und Flugtechnik", heben Pénauds Verdienste eingehender hervor, immer jedoch nur insoweit, als es eben eine allgemeine Darstellung eines ganzen technischen Gebietes erlaubt.

Es ist ganz natürlich, und hat sich in der Geschichte der Erfindungen stets so gezeigt, daß das große Publikum immer nur die Letzten, die in der Reihe der technischen Entwicklungen hervortreten, kennt und ihnen die ganze Bewunderung zuteil werden läßt, die eine neue und in irgendeiner Beziehung merkwürdige Erfindung verdient. Aber die Luftschiffahrt hat mehr als die anderen Gebiete der Technik die Eigentümlichkeit, daß die Arten der Tätigkeit bei ihr ganz besonders mannigfaltig sind und daß sogar ein moralischer Faktor spezieller Art: der physische Mut, eine gewisse Bedeutung für flugtechnische Leistungen beanspruchen kann.

Während das große Publikum bei Männern wie Santos Dumont, Bleriot, Farman, Latham u. a. nicht nur ihre Kühnheit bewundert, sondern auch glaubt, diese Piloten hätten die Flugmaschine erfunden oder sie eigentlich „erst zu etwas gemacht", werden die Leistungen derselben von mancher anderen Seite gerne unterschätzt, weil man weiß, daß da eigentlich meistens nur Rennfahrer, Sportsmänner und überhaupt höchst selten wirkliche flugtechnische Fachmänner tätig sind. Nichts ist aber ungerechter als eine solche Geringschätzung. Ob nun lediglich sachliches Interesse jene Piloten zu ihren gefährlichen Fahrten treibt, ob es Ehrgeiz ist oder Gelderwerbssinn, ob dabei die möglichen Unglücksfälle mutig oder leichtsinnnigerweise riskiert werden, das alles ändert nichts an der Sache. Unbestreitbar ist es, daß wichtige Resultate eben nur durch solche in der Hauptsache physische Leistungen erreicht werden konnten; denn ohne solche Leistungen hätte man nie sicher gewußt, was alles mit den heutigen Mitteln durch Drachenflieger erreicht werden kann, wie z. B. die Flugweite, Flugdauer, -höhe, Schnelligkeit u. dergl. Und das größte technische Genie und die gründlichste Gelehrsamkeit hätten uns nie das bieten können, was wir in der Flugtechnik durch jene kühnen Piloten seit den letzten drei Jahren erfahren, nämlich d i r e k t g e s e h e n, haben.

Wenn es sich um Abschätzung oder Zuerkennung der Verdienste um die Förderung der Luftschiffahrt handelt, so sieht man leicht ein, daß niemand ignoriert werden darf, der irgendwie ein nützliches Datum oder einen Fortschritt, in welcher Beziehung immer, in die Welt brachte. Die einen haben Ideen, die anderen konstruktive Geschicklichkeit, wieder andere persönlichen Mut oder Leichtsinn; wer immer eine Fähigkeit besitzt, etwas zu leisten, muß beachtet und geschätzt werden. —

Wenn man mit dieser Auffassung wohl allgemein einverstanden sein wird, so beginnt hingegen die Verschiedenheit der Ansichten dann, wenn es sich um Bewertung und vergleichende Abschätzung der mannigfach gearteten Leistungen handelt. Von den parteiischen Urteilen müssen wir natürlich absehen, wir können in der Tat — nach allen Erfahrungen — wenigstens als Regel voraussetzen, daß der Theoretiker die Theorie, der Konstrukteur die Konstruktion, der Pilot den persönlichen Mut als das wichtigste ansehen und rühmen wird. Andererseits ist es Tatsache, daß die Theoretiker viel gerechter in der Würdigung der Leistungen der Praktiker sind, als umgekehrt. Und das hat darin seinen Grund, weil der Praktiker nicht imstande ist, die Fruchtbarkeit und Unersetzlichkeit der Denkarbeit einzusehen; es ist also nicht der Mangel an positiven wissenschaftlichen Kenntnissen, sondern der Mangel an Weitblick und Urteilskraft, durch den die meisten Empiriker den etwas unschönen Eindruck des Banausen hervorrufen. Ein Empiriker schätzt meistens nur dasjenige, was man i m g e g e n w ä r t i g e n M o m e n t brauchen kann, und da wieder das am höchsten, was wägbar und j e d e m verständlich ist.

„Ist es nicht wunderbar," fragt der geschätzte Flugtechniker Moedebeck in seinem letzten Werke „Fliegende Menschen", „daß diese Apparate (die heutigen Drachenflieger) fliegen, wo die Brüder Voisin, die aus einfachen Maschinenschlossern hervorgegangen sind, keine einzige Formel kennen und anwenden? Wieviel zahllose hochgebildete Ingenieure gibt es, welche uns mit Integralen und Differentialen bis auf das tz genau berechnet haben, die hernach nicht geflogen sind!"

Die Antwort auf diese Frage und dieses Staunen ist leicht zu geben. Ohne jenen Schlossern und Mechanikern ihre Verdienste irgendwie bestreiten zu wollen — ohne sie geht es ja überhaupt nicht —, wird doch gewiß niemand ihnen eine besondere flugtechnische Begabung zusprechen wollen, durch die sie sich von den hochgebildeten, aber nichtfliegenden Ingenieuren unterscheiden.

Aber: Wenn irgendein Gebiet von den Theoretikern nach vielen Seiten hin, unter großem Denkaufwand und, wie alles im Leben, mitunter nicht ohne Fehlgänge, durchgearbeitet wurde, so atmet auch der Nichttheoretiker, der sich aber um den Stand der Frage kümmert, in einer mehr oder weniger gereinigten und klaren Atmosphäre fachlicher Ansichten und Resultate, ohne daß er sich dessen recht bewußt wird und ohne sich daher in der Schuld jener Theoretiker zu fühlen; ihm scheint es so, als hätten sich die Einsichten von selbst gemacht. Auch der empirischeste Praktiker erfährt auf diese Weise, was alles nicht wahr und gut ist, und er wird vor allem hierdurch davor bewahrt, wertlose oder unsinnige Projekte zu entwerfen; weiß doch jeder, der aeronautische Projekte zu beurteilen hat, wie oft gegen die Resultate der Theorie aus Unkenntnis derselben gefehlt wird. Und andererseits erfährt der Praktiker aus der Literatur, was richtig und nicht unmöglich ist, wobei es Sache des theoretischen oder praktischen Erfinders ist, neues zu ersinnen. Kommt nun noch der günstige Zeitmoment, z. B. in der Flugtechnik das Vorhandensein unerwartet leichter Motore, so kann dann auch ein bloßer Schlosser oder Mechaniker, der zwar keine Formel kennt, aber eine Werkstätte oder Geld genug zur Verfügung hat, Flugmaschinen bauen und — fliegen. Nach Integral- und Differentialrechnung, ja nach aller Theorie überhaupt, braucht er dann nicht mehr zu fragen, die haben ihre Schuldigkeit schon längst getan.

Moedebeck hat offenbar „Differential- und Integralrechnung" eigentlich nur als Repräsentanten höchst subtiler und im flugtechnischen Fach sehr überflüssiger Gedankenarbeit genannt, denn in der ganzen flugtechnischen Literatur finden sich höhere mathematische Entwicklungen nur in äußerst geringer Zahl, und die meisten ganz elementaren Rechnungen daselbst sind durchaus am Platze. Wenn sich einzelne überflüssige oder unrichtige Rechnungen vorfinden, so darf man damit kein Aufhebens machen; denn einerseits ist das durch die Neuheit und Schwierigkeit des Gebietes der Flugtechnik leicht zu erklären, andererseits sind ja Fehler überhaupt in keinem Wissenschaftsgebiet zu vermeiden. Gibt es doch sogar in der mathematischen Literatur Irrtümer oder Fehler. Ueberdies ist doch gar kein Vergleich zu ziehen zwischen den fehlerhaften oder überflüssigen Rechnungen und den fehlerhaften oder überflüssigen Projekten und Aufsätzen der Empiriker; denn nichts hat die Flugtechnik bei ernsten theoretischen wie praktischen Männern so diskreditiert, wie eben die Flut falscher und leerer Entwürfe und oft auch ihrer hinzugefügten Berechnungen.

Der Sinn jener Stelle, in der Moedebeck die gebildeten Ingenieure den Maschinen-Schlossern gegenüber herabsetzt, ist also eigentlich der der Degradierung der Theorie überhaupt; obwohl er, inkonsequenterweise, an einer anderen Stelle seines Buches die Verdienste der „alten Wiener flugtechnischen Schule“ rühmend hervorhebt und davon spricht, wie sehr man ihr zu Dank für die Kenntnisse schuldig sei, die sie der Flugtechnik dargeboten; wobei ich hinzufüge, daß fast alle Mitglieder jenes Vereins nichts anderes als Messungen, Rechnungen und Betrachtungen brachten. Nun, was die Rolle der Theorie in der Flugtechnik betrifft, so besteht sie aus abstrakter Gedankenarbeit, aus Rechnung, aus Versuchen qualitativer Natur und aus jenen quantitativer Art, d. h. aus Messungen; und wenn wir alles das heranziehen, was Maschinenschlosser nicht zu machen pflegen, so gehört die Arbeit des Ingenieurs noch ganz besonders hierher.

Es würde viel zu weit führen, den enormen Nutzen zu zeigen, den diese einzelnen Leistungen für den heutigen so glänzenden Stand der Flugtechnik hatten. Nur ganz obenhin sei hervorgehoben, wie grundlegend z. B. eine Abhandlung rein gedanklicher Art von Wenham über die günstige Form der Tragflächen wurde, und daß der doch theoretisch wie praktisch hochgebildete Kapitän Ferber mitteilte, seine ersten Versuche mit Drachenflächen seien aus dem Grunde mißglückt, weil er ihnen eine gegen ihre

Länge zu geringe Spannweite gegeben hatte. Offenbar war ihm der Wenhamsche Aufsatz nicht bekannt oder nicht im Bewußtsein.

Den Nutzen von Rechnungen wird man im Laufe dieser meiner Abhandlung aus den Studien Pénauds zur Genüge erkennen. Was qualitative Versuche betrifft, so sei an die Arbeiten, namentlich an die photographischen, erinnert, die uns über das Verhalten der Luftströmungen an widerstehenden Flächen aufklären; wovon die Folge das bessere Verständnis der Herstellung praktisch brauchbarer Trag- und Schraubenflächen ist. Und soll erst über die Notwendigkeit der Messungen, namentlich der Luftwiderstände, lange gesprochen werden? Wird irgend jemand im Ernste den Nutzen und die Verdienste der Forscher, die, wie z. B. Lößl, Lilienthal und Langley solche Messungen vornahmen, unter die Leistungen irgendeines Piloten stellen wollen?

Maxims großer Drachenflieger war nicht stabil, weil jener versäumt hatte, die betreffenden Arbeiten seiner Vorgänger, namentlich Pénauds, zu studieren. Und ohne die Herstellung sehr leichter Motoren durch die Ingenieure würde heute noch kein noch so kühner Pilot fliegen können. Die Brüder Wright wären ohne die Ingenieurarbeit an ihrem Motor nicht geflogen und ebensowenig hätten sie ihren Apparat richtig dimensionieren können, ohne zahlreiche Messungen, namentlich der Windstärken, vorzunehmen. Alles das pflegen Maschinenschlosser nicht zu machen, sondern sie, als Piloten, verwerten diese theoretischen Leistungen; sollte aber je ein solcher derlei machen, so hört er damit auf, Maschinenschlosser zu sein.

Also: Ohne neue Einsichten in irgendeinem Gebiet geht es nicht, und neue Einsichten, die sich auch als Konstruktionen manifestieren können, sind gegenüber den Künsten des Piloten eben nichts anderes als Theorie.

Man braucht übrigens nur daran zu denken, daß die lenkbaren Ballone nicht ohne die gelehrten Untersuchungen und Vorexperimente von Charles Renard ermöglicht worden wären, und daran, welchen Einfluß auf die französische praktische Aviatik die wissenschaftlichen Leistungen Pénauds und des Kapitän Ferber ausgeübt haben, um sofort zu ersehen, wem eigentlich das — Fliegen zu verdanken ist; ohne diese Männer hätten Schlosser und Mechaniker noch Jahrzehnte und vielleicht Jahrhunderte Versuche ins Blaue gemacht. —

Der objektive Beurteiler jedoch wird sich jeder Aufstellung einer Wertskala überhaupt enthalten und es als seine wahre Aufgabe ansehen, jedem wie immer gearteten Verdienst gerecht zu werden.

Freilich wird selbst das nicht immer, oder sogar nur höchst selten, befriedigen. Die Anerkennung von verdienstvollen Leistungen genügt nicht, man will Bewunderung dieser Leistungen oder eigentlich seiner Individualität wahrnehmen. Aber um Bewunderung zu erregen, reicht das größte Verdienst nicht hin, wenn dieses nicht in Form von Genie — als Tiefsinn, Originalität oder Kombinationsgabe — zutage tritt; lauter Begabungen, die einen unmittelbar ästhetischen Eindruck machen, sehr selten sind und besonders zu solchen Leistungen befähigen, die fruchtbar an nützlichen Konsequenzen werden. An diesem Mißkennen des gewaltigen Unterschiedes zwischen Verdienst und Eignung, bewundert zu werden, kranken in allen Gebieten menschlicher Tätigkeit die meisten und das um so mehr, je mehr wirkliche, aber genielose Verdienste vorhanden sind. —

In diesem Aufsatz soll aber über einen Mann gesprochen und an seinen Leistungen gezeigt werden, wie sehr seine Verdienste mit vollem Recht unsere Bewunderung verdienen; diese Aufgabe stellte sich der Verfasser dieses Essay in dem Falle des Aviatikers Alphons Pénaud. —

Wenn ich in der Ueberschrift dieser Abhandlung diesen ebenso genialen wie unglücklichen Mann den Vater der modernen Aviatik nannte, so war ich dabei überzeugt, daß meine detaillierten Mitteilungen über seine Leistungen diese Bezeichnung bei jedem Leser rechtfertigen werden. Und da man doch stets gerne auf Autoritäten hört, so will ich vor allem auch anführen, daß einer der größten Physiker unserer Zeit, der auch im Gebiete der Hydro- und Aerodynamik sowie der Luftschiffahrt selbst bedeutende Arbeiten publizierte, nämlich der englische Naturforscher Lord Rayleigh, dieselbe Ansicht über Pénauds Verdienste hatte, wie sie hier ausgesprochen wird.

In der Zeitschrift: The Aeronautical Journal (Heft 14 vom Jahre 1900) publizierte Rayleigh einen Artikel: „On Flight“ und sagt darin: „Pénauds Modell ist der Vater der modernen Flugmaschinen . . . Pénaud verstand diese Dinge schon vor vielen Jahren.“ In ähnlicher Weise spricht O. Chanute, einer der erfahrensten Flugtechniker und gründlichsten Kenner der Geschichte der Flugtechnik in seinem im Jahre 1894 erschienenen Werke: „The progress in flying machines“, da, wo er von dem freifliegenden Modell eines Drachenfliegers berichtet, das Pénaud am 18. August des Jahres 1871 den Mitgliedern der Pariser aeronautischen Gesellschaft in Aktion vorführte und das das erste derartige freifliegende Modell überhaupt war; aus den Worten Chanutes erkennt man, welche große Bedeutung er dieser Leistung und ebenso den anderen Arbeiten Pénauds beilegte. Mit nicht weniger Respekt sprach der amerikanische Physiker und Astronom Langley, der bekannntlich später selbst ein Modell eines Aeroplans, das „Aerodrom", konstruierte, von dem Werte des Pénaudschen Drachenfliegermodells, er bezeichnete es als das erste, das wirklich fliegen konnte. Und noch viel eingehender befaßte sich der in der Flugtechnik sowohl theoretisch als praktisch tüchtige, leider mit seinem Aeroplan verunglückte Kapitän Ferber mit Pénauds Arbeiten; kurz vor seinem Tode veröffentlichte nämlich Ferber im l'Aeronaute des Jahres 1909 (Nr. 499 bis inklusive 503) einen Aufsatz „l'oeuvre de Pénaud" zu dem Zwecke, die Flugtechniker auf diesen lange nicht genug gewürdigten Pionier der modernen Aviatik aufmerksam zu machen; und dieser Zweck wird gewiß durch diese Publikation des angesehenen Autors erreicht worden sein, obwohl der Aufsatz über die Leistungen Pénauds nur unvollständig berichtet.

Die Personalien, die Ferber mitteilt, sind ebenfalls sehr interessant, und ich werde einiges davon hier benützen, der sachliche Inhalt meines Aufsatzes jedoch basiert auf dem Studium der Pénaudschen Publikationen, die sämtlich im Journal l'Aeronaute in den Jahrgängen 1871 bis inklusive 1877 veröffentlicht wurden. Es ist für mich ein erfreuliches Bewußtsein, daß ich schon im Jahre 1896, ohne Kenntnis des Werkes von Chanute, in meinem Aufsatze „Flugtechnische Studien" (in der Zeitschrift für Luftschiffahrt) auf die Hauptleistungen Pénauds aufmerksam machte, und ich gehe jetzt mit eben solchem Vergnügen daran, in ausführlicherer Weise dem Genius jenes toten Forschers zu seinem Rechte zu verhelfen. —

Wenn Pénaud nicht gelebt hätte, so müßte man Lilienthal den Vater der modernen Aviatik nennen. Pénaud war aber nicht nur viel früher als Lilienthal mit seinen großen Leistungen hervorgetreten, sondern war unvergleichlich ideenreicher und vielseitiger, auch viel tiefer in alle flugtechnischen Probleme eingedrungen. Und obwohl es Tatsache ist, daß Lilienthal durch seine Gleitflugstudien Schule gemacht und so verdienstvolle Nachfolger wie Pilcher, Chanute, Herring, die Brüder Wright und andere hat, so halte ich doch dafür, daß die ganze Methode Lilienthals für die Entwicklung der Flugtechnik bis auf ihren heutigen Stand durchaus nicht notwendig war; es wäre ohne Gleitflüge gerade so gut gegangen, und wenn Pénaud, um das Jahr 1875 herum, den heutigen leichten Benzinmotor gehabt hätte, so wäre er geflogen. Die Erfahrungen über die Stabilität und andere Punkte der aviatischen Praxis hätte man bei Benutzung eines Motors nicht nur ebenso gut wie beim Gleitfliegen gewinnen können, sondern viel schneller, bequemer und auf weniger gefährliche Weise. Die sämtlichen Gleitflugstudien haben nur die Zeit ausgefüllt zwischen Pénauds sowie Lilienthals theoretischen Studien und der Erfindung der extrem leichten Benzinmotoren. Lilienthals unsterbliches Verdienst liegt auf dem aerodynamischen Gebiet, nämlich in seinen Studien über gewölbte Tragflächen. —

Pénaud zeichnet sich vor den späteren Arbeitern im flugtechnischen Gebiete dadurch aus, daß er sowohl als Theoretiker wie auch als praktischer Konstrukteur bahnbrechend wirkte und uns hier die richtigen Wege wies, sowie dadurch, daß er nebst den Hauptpunkten der Flugtechnik auch sehr viele ihrer sekundären Probleme seiner Behandlung unterzog. Zur besseren Würdigung der Hauptleistungen Pénauds werde ich hier und da Erläuterungen zu denselben und auch Vergleichungen mit anderen, namentlich neueren Forschungen und Konstruktionen, geben; ich glaube, diese meine Zusätze werden den nicht fachlich ausgebildeten Lesern manche angenehme Aufklärung über das so wichtig gewordene Gebiet der Aeronautik geben; ein Gebiet, dem wohl selbst die weitesten Kreise reges Interesse entgegen bringen, die aber zugleich mit dem Erstaunen über die großen Erfolge auch den Wunsch hegen, die Basis dieser Erfolge wenigstens in groben Umrissen kennen und verstehen zu lernen.

Diesen Wunsch kann man gelegentlich der Besprechung der Untersuchungen Pénauds ziemlich gut befriedigen, da er es ist, der uns die Gesetze der Flugmaschinen, namentlich des Drachenfliegers, in aerodynamischer wie in konstruktiver Beziehung vollständiger und richtiger kennen gelehrt hat als irgend wer anderer, vor oder nach ihm.

II.

Der erste Aufsatz Pénauds erschien im Juni 1871 im l'Aéronaute unter dem Titel: „Kann der Mensch ohne Hilfsmotor fliegen?“ Nach einigen Bemerkungen über das Gewicht und die Muskelkräfte der Vögel heißt es: „Der Mensch habe zwei große Schwierigkeiten zu überwinden: seine Kraft (sein Arbeitsvermögen) sei gering, und die Widerstandsfähigkeit der Materialien verbiete große (Flügel) Flächen, weil sie zu schwer würden. Von den beiden Flugarten der Vögel, nämlich dem rudernden Flug und dem segelnden, wäre die erstere vielleicht nur für einen kurzen Moment realisierbar, wobei weit ausgespannte und schmale Flügel wie die des Albatros anzuwenden wären, und zwar mehrere übereinander, um große Ausladungen zu vermeiden, sowie abwechselndes Niederschlagen und Heben paariger Flügel, um ein kontinuierliches Arbeiten, und nicht ein intermittierendes, zu ermöglichen. So lange man auf dem Boden steht, wird durch Niederschlagen der Flügel die Luft unterhalb derselben so verdichtet, daß, wie Pénaud meint, ein nahezu vierfach so großer Hubeffekt erreicht würde, als in freier Luft und man könnte daher „wahrscheinlich den Boden verlassen und sich während einiger Augenblicke in der Luft erhalten.“

Beim segelnden Flug aber hat der Vogel keine Flügelbewegung notwendig, da aufsteigende Luftströme, die aus verschiedenen Ursachen entstehen können, die Hubarbeit verrichten, und „was der Segler macht, kann der Mensch, wenn er kühn ist, auch machen — er kann sich spielen wie der Segler längs der Berge und steilen Gestade. Kein physikalisches Gesetz hindert uns.“ —

Das Problem des sogenannten persönlichen, d. h. motorlosen Fluges wurde ja seit jeher zu lösen gesucht, lange bevor man noch die notwendigen aerodynamischen Kenntnisse hatte. Im gegenwärtigen Stadium unserer flugtechnischen Kenntnisse jedoch dürfte es nur sehr wenige geben, die sich mit dieser Aufgabe ernstlich befassen, d. h. ein wirkliches Fliegen längere Zeit hindurch, den sogenannten Dauerflug, anstreben, also für möglich halten. Es sei aber nicht verschwiegen, daß vor wenigen Wochen aus Paris berichtet wurde, es habe ein gewisser Prof. Lang einen derartigen Apparat, der eine Geschwindigkeit von 18 km pro Stunde erreichte, zustande gebracht; näheres ist mir nicht bekannt, besonders der wichtige Umstand nicht, ob in diesem Fall unter Fliegen ein Weitflug oder ein bloßer Weitsprung zu verstehen ist.

Letzteres Problem wäre überhaupt nicht schwer, und man kann sich mit Leichtigkeit irgendeine Lösung desselben ausdenken. So z. B. könnte behufs Erhebung vom Boden ein Flügelpaar oder, besser, eine ziemlich steile (also etwas unökonomisch arbeitende) Luftschraube durch einen Akkumulator aus parallelen, gespannten

Gummischnüren, die plötzlich entspannt werden, durch einige Sekunden bewegt werden. Und zum Ausdehnen, also Spannen der Fäden, würde der Pilot einige Minuten an der Vorrichtung zu arbeiten haben, also durch die vorbereitende Arbeit während einer längeren Zeit einen Motor ersetzen, der dieselbe Arbeitsgröße in wenigen Sekunden geleistet hätte. Eine einfache Rechnung auf Grund der bekannten Grundzahlen für Gummimotoren zeigt, daß diese Idee praktisch ausführbar ist; und diese Grundzahlen sind seit den Versuchen von Pénaud und in neuester Zeit seit den Untersuchungen von Jarolimek, Samuelson, Hofmann und Kraus genau genug festgestellt.

Natürlich kann ein solcher Gummiakkumulator, der selbst für 20 bis 30 Pferdekräfte (während weniger Sekunden) nicht sehr schwer wäre, auch für das Emporheben einer Flugmaschine, sei es ein Drachenflieger oder Schraubenflieger, verwendet werden, wobei nicht der Pilot, sondern der stets vorhandene Motor den Akkumulator in kürzester Zeit ladet, d. h. die starke Gummifeder aufzieht. Auch sollte diese Feder stets gespannt sein, um sie für gefährliche Landungen oder Abstürze immer bereit zu haben. Die Gummifäden-Säule sollte in einem sehr dünnwandigen Rohre eingeschlossen sein, das mit Wasser gefüllt und durch einen Kolben behufs Hintanhaltung der Verdunstung ziemlich dicht geschlossen ist, welcher Kolben sämtliche Fäden vereinigt enthält und mit ihnen leicht hin und her geht. Das Wasser hat den wichtigen Zweck, das Brüchigwerden des Gummis an der Luft zu verhindern.

Der eigentliche Wert eines solchen Akkumulators bestünde darin, daß er viel sicherer arbeitet als jeder thermische Motor, daß er einfacher und viel billiger ist. Was sein Gewicht pro PS. (Pferdekraft) betrifft, so kann es so ziemlich dem unserer leichtesten Benzinmotoren gleich gemacht werden; denn 1 kg feiner Paragummi kann ungefähr 400 mkg Nutzarbeit abgeben, wobei es mindestens 500 mkg aufgenommen haben muß, und wenn wir der Entspannung, also der Arbeitsperiode z. B. 10 Sekunden Zeit erlauben, so macht das pro kg Gummi 40 mkg Leistung, d. h. pro PS. zirka 2 kg Motorgewicht, da keine wesentlich schweren Bestandteile konstruktiver Natur nötig sind. Eine Forderung wäre aber bei solchen Motoren zu erfüllen: Sie dürfen nicht oft gebraucht werden, denn bei wiederholtem Gebrauch wird ihr Nutzeffekt ein geringerer.

Man kann nun verschiedene Anwendung solcher Akkumulatoren ausdenken, die sämtlich ein Heben zum Zwecke haben, in kleinerem Maßstabe aber wurden sie für Modelle von Flugmaschinen benutzt und wir werden sogleich der wichtigsten aller Anwendungen beim Aeroplan-Modell von Pénaud begegnen.

* * *

Was nun die mitgeteilten Ideen von Pénaud betrifft, so münden sie, wie man sah, genau genommen, doch in sehr unbedeutende Resultate oder Hoffnungen aus. Zu dem Problem des persönlichen Kunstflugs sei aber, nachdem Pénaud denselben nicht für ganz unmöglich hält, auch die viel später geäußerte Ansicht Lilienthals — des nach Pénaud wohl verdienstvollsten Flugtechnikers — angeführt. In seinem Buche „Der Vogelflug“ (aus dem Jahre 1889) heißt es auf S. 120 und 121: „Man erhielte dann bei einem Fluge, bei dem die Flügel durchschnittlich unter einem Winkel von 3° sich abwärts bewegen, für den Menschen die erforderliche mechanische Leistung von 0,3 PS. Dies wäre nun aber ein Kraftaufwand, den der Mensch bei einiger Uebung sehr wohl längere Zeit zu leisten vermag. Wenn daher der Flugapparat, dessen man sich bedienen mußte, eine recht günstige Form hätte und bei etwa 15—20 qm Flugfläche nicht über 10 kg wöge, so wäre es wohl denkbar, daß damit in ruhiger Luft horizontal bei großer Geschwindigkeit geflogen werden könnte.“

Da aber der Mensch, ohne zu ermüden, wie z. B. beim Gehen auf ebener Straße (nach Mareys Messungen) nur 9 s. m. kg, also 1/8 PS. leisten kann, so wäre die Leistung von 0,3 PS. nur als Akrobatenkunststück von kurzer Dauer durchführbar, ein solcher Ruderflug wäre also ohne jede praktische Bedeutung. Und dieselbe Ansicht spricht Lilienthal selbst an einer späteren Stelle (S. 176) seines Buches aus, wo er 0,36 PS. als Arbeitsaufwand errechnet, wobei „die in Wirklichkeit auftretenden Unvollkommenheiten und schädlichen Einflüsse „berücksichtigt“ wurden.

Lilienthal stimmt aber auch bezüglich des segelnden Flugs des Menschen ohne Motor mit Pénaud überein. Diesbezüglich meint Lilienthal: „Während also beim eigentlichen Segeln die Geschicklichkeit die Hauptrolle spielt, ist die Flugarbeit selbst theoretisch gleich Null. Wenn der Mensch jemals dahin gelangen sollte, die herrlichen Segelbewegungen der Vögel nachzuahmen, so braucht er dazu also weder Dampfmaschinen noch Elektromotore, sondern nur eine leichte, richtig geformte und genügend bewegliche Flugfläche, sowie vor allem die gehörige Uebung in der Handhabung. Auch dem Menschen muß es in das Gefühl übergegangen sein, dem jedesmaligen Wind durch die richtige Flügelstellung den größten oder vorteilhaftesten Hebedruck abzugewinnen.“ Und am Schluß seines Werkes spricht Lilienthal es direkt aus: „Bei Wind von mittlerer Stärke genügt die physische Kraft des Menschen, um einen geeigneten Flugapparat wirkungsvoll in Bewegung zu setzen. Bei Wind von über 10 m Geschwindigkeit ist der anstrengungslose Segelflug mittels geeigneter Tragflächen vom Menschen ausführbar . . . Ein Mensch mit einem solchen Apparate im Gesamtgewicht von zirka 90 kg besäße pro Kilogramm $^1/_9$ qm Flugfläche, was dem Flugflächenverhältnis der größeren Vögel entspricht.“ Ob aber das Fühlen, oder wie es Langley nennt: das „Sehen“ des Windes, dem Menschen jemals möglich sein wird, bezweifle ich sehr, und wenn jemals Flugtechniker sich auf den Segel-Flugsport in obigem Sinne legen wollten, so wäre auf eine noch viel größere Zahl von Unglücksfällen, als schon heute mit den Motor-Drachenfliegern zu verzeichnen sind, mit voller Gewißheit zu rechnen.

* * *

Aber das wirklich Wichtige in diesem Aufsatze ist der Passus über die Rolle der aufsteigenden, namentlich der warmen Luftströmungen beim segelnden Flug der Vögel. Der Grundgedanke stammt, wie der überaus ehrliche Pénaud hervorhebt, von Louvrié; aber jener hat den Gedanken mit großer Kraft weiterentwickelt und damit der Luftschiffahrt wie auch der Zoologie ein neues Gebiet erobert; denn das Vorhandensein solcher aufsteigenden Winde ist nunmehr vielfach, in neuester Zeit auch von Parseval gelegentlich einer Ballonfahrt, konstatiert, und damit das früher so rätselhafte Kreisen der Vögel ohne Flügelbewegungen erklärt worden. Gegenwärtig ist Pénauds Theorie, so viel ich weiß, widerspruchslos angenommen, u. a. von Lord Rayleigh in einer größeren Studie über den Vogelflug, die im Jahre 1900 erschien.

Die ausführliche Darstellung seiner Theorie gab Pénaud erst in einer späteren Abhandlung, die im März- und Aprilheft des l'Aéronaute im Jahre 1875 erschien. Sie ist nicht vollendet worden, denn der Fortschritt der Krankheit hinderte Pénaud an ihrer Fertigstellung, und sie hat den Titel: „Ueber den Segelflug“. Nach einer historischen Einleitung wird der (schon im Jahre 1871 gefundene) Satz aufgestellt: Infolge der aufsteigenden Luftströme fällt der Vogel in Beziehung zur Luft, steigt aber bezüglich der Erde, falls jene Luftströme schneller steigen, als er fällt. Hierauf verallgemeinert Pénaud die von Louvrié im Jahre 1868 aufgestellte Idee, indem er eine ganze Anzahl von Entstehungsursachen des Aufsteigens der Luft, und mitunter auf sehr sinnreiche Art der Analyse atmosphärischer Vorgänge, erforscht; die Hauptursachen sind hierbei die Bodenkonfiguration und die Erwärmung des Bodens durch die Sonne. Auch hier bespricht Pénaud die Möglichkeit für „kühne" Menschen, mittels Tragfläche und Steuer sich durch aufsteigende Winde „für mehrere Stunden" in der Luft zu halten. Ich erlaube mir zu zweifeln, daß das jemals realisierbar wäre, selbst die größte Kühnheit vorausgesetzt, weil das Aufsuchen der passenden Stellen, an denen die Luft aufsteigt, dem Menschen nicht so leicht möglich ist wie dem in der freien Atmosphäre aufgewachsenen Vogel. —

Noch eine andere Methode, nach der die Vögel ohne Flügelbewegungen fliegen und steigen können, entwickelt Pénaud in der im Jahre 1873 im l'Aéronaut publizierten Abhandlung: „Studie über die Steigerung des Luftdruckes unterhalb der Flügel, die sich nahe am Boden bewegen", in welcher dieser schon oben erwähnte Gedanke wiederholt wird und an dessen Schluß eine neue „Möglichkeit des Segelflugs" vorgeführt wird. Das Prinzip besteht „in der Benutzung zweier horizontaler angrenzender Luftströmungen von verschiedener Richtung oder Geschwindigkeit; der Vogel beschreibt dann Kurven, die von der Grenzebene geschnitten werden . . . Der Wind ist schon wegen der Reibung an der Erde in verschiedener Höhe verschieden schnell, die Möven benutzen das und beschreiben dabei schiefe Kurven ohne Flügelschlag. Der Gipfel ist auf der Windseite, der Niedergang geht mit dem Wind, das Aufsteigen gegen den Wind".

Denselben Grundgedanken, nämlich die Ungleichmäßigkeit des Windes als Erklärung des Segelfluges der Vögel zu benutzen, publizierte auch Lord Rayleigh im Jahre 1883 in der „Nature", und er gab eine ausführlichere und auch rechnerische Entwicklung eines solchen Vorganges im Jahre 1900 in der Abhandlung „The Mechanical Principles of Flight" in den Memoirs and Proceedings of the Manchester Literary et Philosophical Society. Und der Physiker Langley benutzte in der im Jahre 1893 erschienenen Monographie über The internal work of the wind ebenfalls die Ungleichmäßigkeit des Windes, mit dem Unterschiede jedoch, daß Rayleigh, sowie früher Pénaud, die Ungleichmäßigkeit betreffs des Raumes, also deren Gleichzeitigkeit, voraussetzte, Langley jedoch die Ungleichmäßigkeit bezüglich der Zeit, welche er mittels sehr leichter Anemometer nachweisen konnte. Bei Langleys Theorie ist der Vorteil, den der Vogel von den Variationen der Windgeschwindigkeit ziehen kann, erklärbar, wenn die Trägheit (der Masse) des Vogels dieselbe Rolle spielt wie die Schnur am Drachen. Bei der lange bestandenen Rätselhaftigkeit in dem Vorgang des Segelflugs war es wichtig, jene Aufklärungsversuche von so hervorragenden Physikern zu erhalten; es sei jedoch bemerkt, daß sich gegen Langleys Theorie viele Widersacher erhoben.

Unter den Nachfolgern Pénauds wurde der Segelflug u. a. von Goupil im Jahre 1884 und besonders eindringlich von Lilienthal in seinem Buche: „Der Vogelflug“ (1889) behandelt. Auf Grund seiner Ansichten über die besondere Eigenschaft gewölbter Flächen, bei richtiger Winkelstellung von entgegenströmenden Winden nicht mit ihnen, sondern ihnen entgegen getrieben zu werden, und zufolge der starken hebenden Kraft schief auf den konkaven Vogelflügel anströmender Winde, hält er dafür, „daß der Auftrieb des Windes in Vereinigung mit den vorzüglichen Widerstandseigenschaften gewölbter Flugflächen allein imstande ist, die Hebung der Vögel ohne Flügelschlag zu bewirken“. Die gleiche Ansicht publizierte Hargrave im Jahre 1897. Das Vorhandensein jener „treibenden“ Komponente bei Anwendung konkaver Flächen ist jedoch sehr bestritten worden, und sowohl Lilienthals Experimente als die späteren Versuche Wellners sind als nichtsbeweisend kritisiert worden, die ersteren von v. Obermayer im Jahre 1895, die letzteren von Jarolimek im Jahre 1894 und S. Exner im Jahre 1906. Und im Jahre 1902 bestritt auch Ahlborn die Lilienthalschen Ansichten in dem Werke: „Ueber den Mechanismus des hydrodynamischen Widerstandes“; hierbei macht er namentlich darauf aufmerksam, daß die besten Segelvögel, wie der Albatroß, auffallend ebene Flügel besitzen, demnach die Konkavität der Flügel keinen Erklärungsgrund für das Segeln abgeben kann. —

Das Problem des Segelflugs wurde seither noch mehrfach behandelt. Vor allem ist da zu nennen die Untersuchung Jarolimeks „Ueber den Einfluß fluktuierender Windströmungen und regelmäßiger Schwingungen auf die Größe des Luftwiderstandes mit Beziehung auf den Bau des Vogelflügels." (Z. d. Oesterr. Ingen.- u. Arch.-Vereins, 1894.) Die Grundgedanken Jarolimeks sind: „Die Vogelflügel gewinnen bei der Bewegung in der Luft einen weit größeren Auftrieb als alle sonstigen künstlichen Flügel . . . Jede Störung in der Gleichmäßigkeit der Bewegung oder der Dichte der Luft vermehrt die Größe des Luftwiderstandes, dem eine widerstehende Fläche in bewegter Luft oder eine in ruhender Luft vorwärts bewegte Fläche begegnet . . . Und solche Störungen können hervorgehen aus: den natürlichen Fluktuationen des Windes, aus elastischen Schwingungen der bewegten Flächen und aus der Beschaffenheit der Oberfläche der widerstehenden Körper." Auf solche Weise, meint Jarolimek, kann der Luftwiderstandskoeffizient beim Vogelflügel vielleicht auf das Dreifache seines sonstigen Wertes gesteigert werden, und dann würde sich das Schweben der Vögel weit leichter erklären lassen, als es auf Grund der üblichen Annahmen bis jetzt möglich war.

Im Jahre 1894 erschien eine Monographie „Zur Mechanik des Vogelflugs" von F. Ahlborn. Nach Ahlborn wird „echter" Segelflug stets nur bei aktivem Gegenwind und ausnahmslos auf kreisförmiger, elliptischer, spiraliger oder sonst irgendwie gekrümmter Bahn ausgeführt. Die detaillierte Erklärung des Segelns muß in jener Monographie selbst nachgelesen werden; interessant ist es aber, daß Ahlborn wie auch Langley annimmt, es gebe kein Segeln ohne Kreisen, Lilienthal aber meint (S. 131), „daß das Kreisen beim Segeln mehr Nebensache sein muß" und „daß von den Vögeln auch sehr viel ohne Kreisen gesegelt wird." Er begründet das u. a. damit, daß der Falke minutenlang unbeweglich im Winde steht.

Eine noch neuere Ansicht über den Segelflug negiert die ansteigenden Windströmungen über ebenem Gelände, setzt aber dafür fortwährende periodische Schwankungen des Windes bezüglich der Höhenrichtung voraus und benutzt den mathematisch richtigen Satz, daß der mittlere Widerstand einer wechselnden Bewegung nicht gleich ist dem Widerstand der mittleren Bewegung. Auf diese Weise „wäre es möglich, daß in einer schwankenden Strömung ein entsprechend geformter Körper der mittleren Stromrichtung entgegenziehen kann; der Segelflug wird zur mechanischen Umkehrung des Ruderfluges, wobei der Flügelschlag durch die Höhenschwingung der Luft ersetzt ist". (Knoller in der Abhandlung „Die Gesetze des Luftwiderstandes", 1909.)

* * *

Hiermit wären wohl die wichtigsten Erklärungsarten, die das Segeln und Kreisen betreffen, erwähnt worden. Nicht genannt sind nur jene Erklärungsversuche, die — mir wenigstens — als physikalisch unrichtig erscheinen, und ferner die zahlreichen Wiederholungen der oben mitgeteilten Theorien, namentlich der Theorie der Benutzung ungleichmäßiger oder aufsteigender Winde.

Im ganzen und großen scheinen jedoch alle bis jetzt vorgebrachten Erklärungen nicht zu genügen; wenn sie auch physikalisch richtig sind, so leiden sie doch an zu großer Verallgemeinerung und an ihrer Anwendung auf Fälle, in denen sie gewiß nicht zutreffen können. Die Lilienthalsche Idee, das Segeln durch eine vortreibende Komponente des Winddrucks zu erklären, kann, wenigstens für eine längere Flugdauer, und besonders für das sogenannte „Stehen" auf einem Fleck im Winde nicht akzeptiert werden; und das Prinzip der Ungleichmäßigkeit der Luftströmungen, nach Raum oder Zeit, hilft für das Stehen im Winde ebenfalls nicht. Und doch ist das Problem des Segelns, jetzt, wo den Menschen das Fliegen bereits gelungen ist, beinahe das einzige, das uns noch in diesem Wissensgebiete so sehr am Herzen liegt, daß wir dessen befriedigende Lösung kaum erwarten können.

Vielleicht vermag eine Arbeit des Physiologen Sigmund Exner, die im Jahre 1906 (im 114. Bande von „Pflügers Archiv für die gesamte Physiologie") erschien, die gewünschte Lösung darzubieten. Exner benützt die Idee des sogenannten „Schwirrflugs", d. i. jene Flügelbewegung, bei der die Elongationen so klein sind, daß wir sie in der Entfernung nicht wahrnehmen können, während die Zahl der Flügelschläge so groß ist, daß die Geschwindigkeit der Spitzen der Schwungfedern genügt, um beträchtliche Luftströmungen unterhalb derselben — und zugleich nach hinten — hervorzurufen, also den nötigen Luftdruck für das Schweben zu erzeugen. Und daß solche Schwirrbewegungen wirklich lebhafte Luftströmungen nach unten und nach hinten hervorrufen, hat Exner eben durch Versuche mit einem Flügel des Bussards experimentell nachgewiesen. Ueberdies stellte Exner durch direkte

Versuche fest, daß die großen Brustmuskeln der Raubvögel solche sehr zahlreichen Zuckungen ausführen können, ohne einem kontinuierlichen Tetanus zu unterliegen. Das Geräusch schwebender Vögel, das Exner früher — und auch Pénaud — als vom Luftwiderstand herrührend erklärt hatte, deutet er nunmehr als Folge des Schwirrens der Federn.

Hiermit hätten wir also eine zwar nicht neue, aber experimentell durchgeführte Theorie, die auch den schwierigsten Fall des Schwebens: das Stehen im Winde, erklären kann. Es sei aber gestattet, den Wunsch nach einer Weiterführung dieser Untersuchung in folgenden Richtungen auszusprechen, ehe man diese Schwirrtheorie als definitive Lösung des ganzen Problems des Segelns betrachten darf.

Zuvörderst eine Experimentaluntersuchung analog dem Exnerschen Vibrationsversuch, wobei die beiden Flügel eines eben getöteten Vogels auf mechanische Weise in kurze und schnelle Vibrationen versetzt werden und nun nachgesehen wird, ob und bei welchen Elongationen und Hubzahlen das totale Vogelgewicht getragen werden kann. Sodann eine Messung der hierbei aufgewendeten Arbeit und Vergleichung mit der beim gewöhnlichen Ruderfluge aufgewendeten, welch letztere uns ja approximativ bekannt ist. Ferner, etwa auf Grund dieser Ergebnisse oder anderweitig, eine Erklärung dafür, unter welchen Umständen oder aus welchem Grunde es der Vogel vorziehen mag, zu schwirren anstatt zu rudern.

Schließlich sei bemerkt, daß Einwendungen, die K. C. Schneider (im 116. Bd. von Pflügers Archiv) gegen Exners Theorie erhoben hatte, von diesem im 117. Bd. dieses Archivs — nach meiner Ansicht vollständig — widerlegt worden sind. Was speziell Schneiders Meinung betrifft, daß das Schwirren aus physiologischen Gründen eine „sehr anstrengende" Flugart sein müsse, so erwidert Exner, daß hierfür kein physiologischer Grund vorhanden sei. Gewiß; aber vielleicht verschlechtert sich doch der Effekt dadurch, daß bei dem so häufigen Hin- und Herbewegen des Flügels, resp. der Schwungfedern, diese, also ihre Massen, bei den Umkehrungen stets beschleunigt und verzögert werden müssen, was einen beträchtlichen Verlust an Energie involvieren könnte? — —

Das Verdienstvolle und Neue speziell in Pénauds Aufsatz besteht nun darin, daß er, meines Wissens, der erste war, der die Idee einer Ungleichmäßigkeit des Windes in das Problem des Segelflugs hineinbrachte, während man früher stets vom Wind als einer gleichförmigen Luftbewegung sprach und daher dem Problem entweder ratlos oder mit physikalisch unrichtigen Entwicklungen gegenüberstand. Aber auch die eingehende Behandlung der Theorie aufsteigender Luftströme ist sehr verdienstvoll.

III.

Im Januarheft des l'Aéronaute vom Jahre 1872 steht nun jene Abhandlung, die den Ruhm Pénauds begründet hat, in der er sein freifliegendes Modell eines Drachenfliegers beschrieb, über seine Experimente mit demselben berichtete und dieses Flugmaschinenmodell einer prinzipiellen, höchst geistreichen Berechnung unterzog. Die Abhandlung, von der die heutige Aviatik datiert, führt den Titel „Aéroplane automoteur — Equilibre automatique" und beginnt mit der Mitteilung, Pénaud habe im April des Jahres 1870 den Herren Lalandelle und Hureau de Villeneuve ein kleines automotorisches Helicoptère (Schraubenflieger) vorgeführt, bei welchem gedrehter Kautschuk als Kraftakkumulator benutzt wurde, und das viel längere Zeit flog als jenes von Ponton d'Amécourt — einem der berühmtesten älteren Vertreter des plus lourd que l'air —, das mittels einer Stahlfeder betrieben wurde. Die Anwendung von Gummi als Motor war wohl nichts Neues, aber die Idee, die Gummischnüre nicht als der Länge nach gespannte, sondern als um sich selbst gedrehte, also deren Torsionskraft, anzuwenden, war neu und höchst erfolgreich. Nur durch diese Anwendungsart gelang es Pénaud, so große Erfolge mit seinen verschiedenen Flugmodellen und ganz besonders mit seinem Aeroplan zu erzielen; denn alle Versuche vor und nach Pénaud, Drachenflieger mittels Uhrfedern zu treiben, mißlangen u. a. wegen des zu großen Gewichts derselben, und ebensowenig gelang es mit längsgespannten Gummifäden, denn in diesem Falle wurden die maschinellen Konstruktionsteile zu kompliziert, kraftverzehrend und ebenfalls zu schwer.

Nachdem dieser Fortschritt bezüglich des Motors gemacht war, handelte es sich noch um Ueberwindung einer zweiten Schwierigkeit: der Erhaltung des longitudinalen Gleichgewichts, denn ohne diese fiel der Apparat immer wieder sogleich zu Boden. „Ich fand endlich ein einfaches Organ hierzu," berichtet Pénaud, nämlich „ein horizontales Steuer, das hinter der Tragfläche und nach abwärts geneigt war.“ Damit war das sogenannte Pénaud-Steuer erfunden; auf welches Organ der Erfinder durch die unten konvexen Flächen der Schmetterlinge gebracht wurde, die ein sonst unbekannter Mechaniker, Joseph Pline, konstruiert und als Spielzeug ins Publikum gebracht hatte. Dieses Pénaud-Steuer nun hat bis heute seinen Wert behauptet, die meisten Drachenflieger benutzen es und selbst manche, die es wegen eines nicht wegzuleugnenden Kraftverlustes beim Fliegen nicht angewendet und durch eine permanente Bedienung des Höhensteuers — wie bei Wright — ersetzt hatten, greifen doch wieder zu Pénauds Steuer, um die nervenaufreibende Betätigung am Höhensteuer zu vermeiden.

Um das seitliche Gleichgewicht zu ermöglichen, genügte es, die Tragflächen des Modells entweder „diedrisch“ anzuordnen, d. h. nach oben zu neigen, also unter einem Winkel, wie ein V, gegeneinander zu stellen, oder die Enden der Flächen aufzubiegen. Beide, aber namentlich die erste dieser zwei Methoden wurden bekanntlich auch heute noch bei den Drachenfliegern angewendet; so z. B. von Langley bei seinem Aerodrom, von Blériot in seinem Drachenflieger „Libelle, von Ferber und von Santos Dumont bei mehreren seiner Aeroplane. Die Krümmung der Tragflächen, resp. ihrer Enden, nach oben, verwendeten Tatin und Etrich und Wels. Es ist nicht uninteressant, die allmähliche Entwicklung solcher Konstruktionsdetails zu beobachten, und daher sei erwähnt, daß die Idee, Stabilität durch konvex geformte Flächen zu erzielen, wohl von Cocking bei seinem konvex nach unten gerichteten Fallschirm schon im Jahre 1836 verwendet, aber von Cayley schon im Jahre 1816, wenn nicht schon 1809, und von Hengler, dem Erfinder des Horizontalpendels, im Jahre 1832 in Dinglers Polytechnischem Journal vorgeschlagen und begründet wurde. Was die diedrische Anordnung zweier seitlicher Tragflächen betrifft, so darf aber nicht verschwiegen werden, daß sie einen Verlust an der Tragkraft derselben herbeiführt und daß sie ihren Nutzen bezüglich der Seitenstabilität fast nur in ruhiger Luft beweist, in böiger, also bei stoßweise auftretenden Winden, sogar nachteilig wirkt.

Auch das Steuer bekam von Pénaud aufgebogene Ränder. Der Schwerpunkt des Apparats lag etwas nach vorwärts vom Zentrum der Tragfläche, und diese Anordnung war bei der Anwendung des Pénaudsteuers eine Notwendigkeit. Noch ein interessantes Detail ist die Konstruktion aller

Flächen als e l a s t i s c h e; wie vom Meteorologen und Flugtechniker J. Meason nach Mitteilungen von F. J. Bennett im Jahre 1874 berichtet wird, gelangen Pénaud die Versuche nicht eher, als bis sowohl Tragfläche, wie Steuerfläche, als auch Schraubenflächen elastisch, d. h. an ihren Hinterseiten durch den Luftdruck nachgiebig, gemacht wurden. Diese Nachgiebigkeit der hinteren Partien der Trag- und Steuerflächen hat wesentliche a e r o d y n a m i s c h e Vorteile und heute werden elastische Konstruktionen bei Drachenfliegern bereits mehrfach angewendet.

Wie man sieht, hat Pénaud in seinem Modell — das er „Planophor" nannte — die Hauptanordnungen der heutigen Drachenflieger als der Erste erdacht, und Raygleigh hat daher mit Recht gesagt, daß das Pénaudsche freifliegende Modell der „Vater" der heutigen Flugmaschinen sei. Was nun die eigentliche Flugleistung dieses Modells betrifft, so durchlief es am 18. August 1871 in Gegenwart mehrerer Mitglieder der Société Aéronautique et Météorologique mehrere Male ein Rondell des Tuileriengartens mit einer durchschnittlichen Geschwindigkeit von 3.6 m pro Sekunde.

* * *

Es soll nicht unerwähnt bleiben, daß von einer Seite — und zwar nur von dieser einen Seite — der Wert des Pénaudschen Planophors viel geringer angeschlagen wird, als von den oben zitierten Flugtechnikern. In dem im Jahre 1905 erschienenen Buche: „A v i a t i k — Wie der Vogel fliegt und wie der Mensch fliegen wird", äußert sich der Autor, W. K r e ß, über jenes Modell in folgender Weise: „Dieser kleine Apparat legte sich im Fluge, wegen der (bloß) einen Luftschraube, infolge der Reaktion mehr oder weniger auf die Seite und konnte darum nicht in gerader Richtung, sondern, da er k e i n (Vertikal-) S t e u e r hatte, nur im Kreise fliegen. Er hatte also keine seitliche Stabilität und konnte leicht, sobald die Gummischnur zu stark gespannt war, um seine eigene Achse sich drehen. Es war eben kein Modell eines Drachenfliegers zu nennen, wohl aber war es der erste überzeugende Beweis, daß der D r a c h e n f l i e g e r möglich sei. Auch hatte schon dieser kleine Apparat in der Längsrichtung der Achse, so wie meine Modelle, eine automatische Stabilität. Um auch eine seitliche Stabilität zu haben, muß ein solcher Apparat stets zwei Luftschrauben besitzen, die sich in entgegengesetzter Richtung drehen..... Ich kann mir schmeicheln, 1877 das erste Modell eines

Drachenfliegers gebaut zu haben, welches mit horizontalem und vertikalem Steuer und mit einem Puffer ausgerüstet, als Schlitten selbsttätig auf dem Boden oder langen Tisch den Anlauf nehmend, lenkbar und mit voller Stabilität einen großen Saal durchfliegen konnte, ohne vorher eine Ahnung von ähnlichen Bestrebungen Anderer gehabt zu haben."

Hiernach sollte man meinen, daß Pénauds Modell noch folgende wesentlichen Mängel hatte: Nur eine Schraube statt zwei, kein vertikales (Seiten-) Steuer, und keine Möglichkeit eines geradlinigen Fluges. Was nun die „Eine" Schraube betrifft, so besitzen die meisten heutigen Drachenflieger nur eine Propellerschraube, wie z. B. jene von Blériot, Voisin u. a., ja, wie ich glaube, haben nur Wright und Cody Doppelschrauben. Andererseits scheint es doch sehr gewagt, vorauszusetzen, ein Mann wie Pénaud hätte noch nicht gewußt, daß man durch zwei (gegenläufige) Schrauben das seitliche Neigen eines Flugapparates verhindern könne, wo doch schon die erste aeronautische Gesellschaft in Paris, deren Mitglieder Lalandelle, Ponton d'Amécorat, Babinet u. a. waren, stets von der Zweckmäßigkeit zweier, statt einer, Schrauben sprachen. In der Tat, Pénaud wußte das sehr genau und er spricht über diesen Punkt sehr klar in dem hier besprochenen Aufsatz (vom Januar 1872): „Ich verwende nur eine Schraube. Es wird zwar angenommen, daß ein Luftschiff ein Paar entgegengesetzt rotierender Schrauben haben muß, weil sonst bei nur einer Schraube eine Drehung des Apparates um sich selbst eintritt. Jedoch, nach einigen Berechnungen fand ich, daß eine Schraube genüge, wenn man die Spannweite der Tragfläche vergrößert, ohne daß der durchlaufene Weg sehr merklich verkleinert wird. Zugleich vereinfacht das die Konstruktion und macht sie solider." Hierzu möchte ich noch bemerken, daß es sogar mehrere Arten gibt, jene drehende Reaktion der einen Schraube zu verhindern, z. B. auch durch seitliche Verlegung des Schwerpunktes des Apparats.

Was das Fehlen eines vertikalen Steuers betrifft, so steht in dem Artikel Pénauds ausdrücklich der Satz: „Die Seitenrichtung wird erhalten durch ein vertikales Steuer wie bei den Schiffen." Offenbar hat Kreß den Aufsatz nicht aufmerksam gelesen, sonst hätte er seine Einwendungen ja nicht erhoben; ebenso ist ihm entgangen, daß Chanute in dem Werke Progreß in Flying machines direkt die Anwendung eines Vertikalsteuers beim Pénaudschen Modell erwähnt, aber hinzufügt, es sei in der Zeichnung desselben nicht sichtbar.

Was aber die Fähigkeit eines geradlinigen Fluges betrifft, so sind die Berichte über die Demonstrationen Pénauds dem Kritiker wohl ebenfalls nicht zu Gesichte gekommen oder aus dem Gedächtnisse entschwunden, ich will sie daher wörtlich zitieren.

In dem Artikel vom Januar 1871 heißt es: „Man überläßt, nachdem der Kautschuk aufgedreht wurde, den Planophor in horizontaler Lage sich selbst; er fällt etwas, erhebt sich dann und beschreibt eine regelmäßige Bahn ungefähr 40 m weit 11 Sekunden lang, ja auch 60 m in 13 Sekunden. Immer unterdrückt das Steuer die auf- oder absteigenden Neigungen vollkommen, sowie sie entstehen wollen, und man beobachtet oft Oscillationen wie beim Sperling. Zuletzt fällt der Apparat sanft zu Boden, nach einer schiefen Linie und aufrecht." Im Februarheft des l'Aéronaute vom Jahre 1875 wird ein offizieller Versuch in dem Aufsatze „Ueber die mechanische Fortbewegung der Luft" beschrieben und da wird berichtet: „Pénaud demonstriert seinen Aeroplan. Zuerst fiel dieser 50 cm tief, während er seine Geschwindigkeit bekam; so lanciert, flog er in gerader Linie, 20 m weit und der Flug endete in einer aufsteigenden Kurve. Die Schraube war hinten. Ein anderes Modell hatte die Schraube vorne (also wie z. B. Blériot). Es beschreibt einen großen Kreis um den Saal, sich immerfort hebend, und schlug dann an die Mauer in 7 m Höhe. Im Freien fliegen diese beiden Apparate so wie andere mit zwei Schrauben, 12 bis 15 Sekunden lang; sie heben sich 8 bis 10 m hoch und fliegen mehr als 50 m weit."

Und des weiteren enthält l'Aéronaute vom Januar 1876 einen Spezialbericht über die öffentliche Vorführung und Demonstrationen Pénauds seiner drei Systeme von Flugmaschinen-Modellen: des Schwingenfliegers, des Schraubenfliegers und des Aeroplans oder Planophors. Und von diesem letzteren heißt es dort: „Sich selbst überlassen, erhebt er sich mit steigender Geschwindigkeit in wenig schiefer Bahn, fliegt über die Köpfe, erhebt sich in einer Kurve von großem Halbmesser und folgt dann einer symmetrischen Neigung des Abstiegs. In 17 m Distanz, 4 m über dem Niveau des Ausgangspunktes, fliegt er dann horizontal 20 m weit und stößt dann an die Mauer (des Versammlungslokals)."

Mehr kann man wohl nicht verlangen!

Und aus diesem allen folgt, daß Pénauds freifliegendes Modell nicht bloß ein bloßer „überzeugender Beweis, daß ein Drachenflieger möglich sei", sondern ein in allen wesentlichen Stücken durchdachter Drachenflieger war. Und jenes Modell, das Kreß im Jahre 1877 demonstrierte und das er als das erste Modell eines veritablen Drachenfliegers bezeichnet, unterscheidet sich in gar nichts wesentlichem von dem Pénaudschen Modell aus dem Jahre 1871, man müßte denn Puffer und Schlitten zu den aeronautischen Bestandteilen eines Drachenfliegers rechnen. Man vergleiche die Abbildung jenes Kreß'schen Modells in Nr. 28 der Wiener Zeitschrift „Flug- und Motortechnik" aus dem Jahre 1909 mit der Zeichnung von Pénauds Planophor in Chanutes oben zitiertem Werk (auf S. 117) oder in Nimführs „Leitfaden der Luftschiffahrt" (S. 222) oder in R. Conrads Monographie „Entwicklung von Ballon und Flugmaschine" (im „Motorwagen" vom 10. August 1909 auf S. 600), so wird man sofort die Identität beider Konstruktionen bemerken; der Unterschied, daß bei Pénaud nur eine, bei Kreß aber zwei Propellerschrauben vorhanden sind, stört — nach den obigen Auseinandersetzungen — die Identität natürlich gar nicht.

Obwohl nun Kreß mehrere Jahre später als Pénaud ein freifliegendes Modell eines Drachenfliegers zustande brachte, wäre es doch höchst ungerecht, seine Verdienste um die Architektur flugtechnischer Apparate gering zu schätzen. Ich halte sie im Gegenteil für bedeutend, denn ich hatte viele Jahre hindurch beobachtet, wie Kreß stets alle neuen flugtechnischen Ansichten mit größtem Eifer in sich aufnahm und zuerst zur Konstruktion von Modellen, sodann aber auch zu Projekten wirklicher Drachenflieger verwertete. Da Kreß, wie oben zitiert wurde, behauptet, er habe sein Drachenfliegermodell gebaut, „ohne vorher eine Ahnung von ähnlichen Bestrebungen anderer gehabt zu haben", und niemand das Recht hat, die Wahrheit seiner Behauptung zu bezweifeln, ja, was noch mehr ist, seine jahrelang bewiesene Tüchtigkeit im flugtechnischen Gebiete ebenfalls für seine Selbständigkeit spricht, so muß man Kreß gerade so gut wie Pénaud das Verdienst zusprechen, „zuerst" ein freifliegendes Drachenfliegermodell konstruiert zu haben. Dieses „zuerst" bezieht sich natürlich auf das subjektive Verdienst, auf die Selbständigkeit der Erfindung; in der Geschichte der Flugtechnik jedoch kann man nicht anders, als konstatieren, daß Pénaud es war, der als der Erste ein solches Modell öffentlich demonstrierte. Weder ein vermeintlicher Patriotismus noch das an sich löbliche Bestreben, einen Lebenden zu ehren oder zu erfreuen, darf uns dazu verleiten, einem Toten gegenüber ungerecht zu sein*).

* *

*

Beinahe noch überraschender als die Idee der Torsion der Gummischnüre und als die Erfindung des Stabilitäts-Steuers wirkt jedoch die Berechnung, der Pénaud sein in Tätigkeit versetztes Modell unterwirft. Wenn man die Resultate dieser Rechnung, ohne noch den Gang derselben zu kennen, ansieht, so zweifelt man, daß es möglich wäre, aus einem so primitiven Apparat, besser gesagt, aus einem solchen Spielzeug, quantitative Angaben auch nur mit einiger Sicherheit hervorholen zu können; wenigstens war das im ersten Augenblicke meine Meinung, und auch Kapitän Ferber spricht sich mit Bewunderung über

---

*) Zu bedauern ist es aber in jedem Falle, daß jetzt, wo so leichte Motoren existieren und schon so viele Flugmaschinen wirklich fliegen, Kreß noch immer nicht die nötigen Geldmittel zur Erbauung eines Drachenfliegers nach seiner ihm eigenen Architektur zur Verfügung gestellt werden. Auch Kreß' Aeroplan würde fliegen und überdies gegenüber den anderen jetzt bestehenden Konstruktionen den Vorteil voraus haben, von den unvermeidlichen Aenderungen des Schwerpunkts viel weniger in seiner Längsstabilität gestört zu werden. Er erreicht das dadurch, daß er mehrere Tragflächen, nicht übereinander, sondern hintereinander und in verschiedener Höhe anwendet; welche Dispositionen zwar schon vor langer Zeit vorgeschlagen und z. B. von Stringfellow schon im Jahre 1868 bei einem kleinen Modell, jedoch ohne es zum Fliegen zu bringen, angewendet wurde. Im Großen ist es aber meines Wissens noch nicht versucht worden, drei, mit der Schwanzfläche vier, Tragflächen hintereinander anzubringen. Noch eine andere Neuerung will Kreß in Anwendung bringen: Ein Schraubenpaar, das behufs Aufsteigen des Drachenfliegers ohne Anlauf um 90 Grade gedreht werden und dann nach dieser Verwendung als Hubschraube und Zurückdrehung als Propellerschraube zum Vorwärtstreiben verwendet werden soll. Auch das wurde noch nie praktisch versucht, obwohl schon, wie Chanute im „Progreß in Flying machines" mitteilt, im Jahre 1862 Crowell in den Vereinigten Staaten ein Patent auf eine solche Anordnung des Schraubenpaares genommen hatte, und dabei die an sich schöne Idee anfügte, ein Paar von Tragflächen anzubringen, die während des Aufstiegs an der Gondel hängen und nachher in die schiefe Lage behufs Funktionierung als Drachenflächen gebracht werden sollten. Dieses der Manipulation mit den Schrauben analoge Verfahren hätte offenbar den Zweck, den Widerstand schiefer, beinahe horizontaler, Drachenfläche während des Hubes zu eliminieren. Man kann vielleicht manche Bedenken gegen den Vorschlag haben, die Schrauben nach dem Aufhören des Aufstiegs zu drehn, zumal hierbei auch ihre Steigung geändert werden müßte, weil eine und dieselbe Ganghöhe nicht zum Heben und auch zum Treiben tauglich ist. Allein nur die wirkliche Ausführung kann über den Wert solcher Ideen entscheiden.

die Kalkulation Pénauds aus, was wohl auf eine der meinigen analogen Ueberraschung schließen läßt. Auf die Rechnungen selbst kann natürlich hier nicht eingegangen werden, nur einige Grundgedanken und Hauptresultate mögen erwähnt werden.

Hier zum ersten Male wurde die Gesammtarbeit beim Drachenflieger in die beiden Teile: Suspensions- und Translationsarbeit, über welche Begriffe später gesprochen werden soll, zerlegt und der Rechnung unterworfen; es wurde ferner der Verlust durch den Rücklauf (Slip) der Schraube gemessen und zu 0,53 % bestimmt; sodann gefunden, daß bei diesem Modell und resp. ungefähr analog demselben, bei Drachenfliegern pro 37 kg Gewicht des Apparats 1 PS. des Motors nötig wäre; sowie, daß die Hauptursache des Kraftverlustes der Propellerschraube zuzuschreiben sei, und daß wenig gewonnen wäre mit einer Vergrößerung der Tragfläche, sondern, daß man, um die nötige Schwebearbeit zu verringern, die Schraube vergrößern, also den Slip verkleinern müsse.

IV.

Im Januarheft des l'Aéronaute vom Jahre 1873 publizierte Pénaud eine ebenfalls reichhaltige Abhandlung, des Titels: „Lois du glissement dans l'air"; hier finden wir also zum erstenmale das sogenannte Gleitproblem und den Gleitflug einer wissenschaftlichen Behandlung unterworfen, und zugleich wird dasselbe in Verbindung gebracht mit der schon oben erwähnten Aufgabe, die gesamte Arbeit an einem motorlosen, sinkenden Drachenflieger, also „gleitenden" Aeroplan, in zwei Bestandteile: die Schwebe- und die Translationsarbeit, zu zerlegen und sie zu ganz bestimmten Zwecken zu berechnen. Diese ganze Untersuchung bewegt sich, im Gegensatz zu den viel späteren, rein praktischen Gleitversuchen von Lilienthal und seinen Nachfolgern, in theoretischer Richtung, obwohl sie auf das Herabgleiten eines Vogels aus bestimmter Höhe angewendet wird.

Unter „Suspensionsarbeit" versteht Pénaud, und mit ihm seither jeder Fugtechniker, diejenige Arbeit des Motors, oder des natürlichen Windes beim gewöhnlichen Drachen, welche nötig ist, um der Tragfläche die genügende Auftriebskraft zu verschaffen, d. h. jene, die dem ganzen Apparatgewicht gleich ist, es also schwebend halten, genauer gesprochen: die Beschleunigung durch die Schwere verhindern kann. Mitunter spricht man daher von „Schwebearbeit“, „Auftriebsarbeit“; richtiger hieße es: Arbeit fürs Schweben. Hierbei ist aber vorausgesetzt, daß keinerlei Luftwiderstand außer jenem vorhanden sei, der eben als ein Rücktrieb (drift) der Drachenfläche auftritt, wenn sie den genügenden Auftrieb (lift) gewinnen soll; daß also diese Fläche ganz dünn sei und daß alle anderen Apparatbestandteile, wie: Gondel, Motor, Pilot, Versteifungen usw., keinen Luftwiderstand und die Fläche selbst keinen Reibungswiderstand durch die Luft erfahren. Da das aber in der Wirklichkeit nie der Fall sein kann, so tritt zu dem Rücktriebswiderstand des Drachens noch ein weiterer Widerstand, der gar nichts zum Schweben beiträgt und daher oft der „schädliche“ Widerstand im Gegensatz zum ersten, dem „nützlichen“, genannt wird. Die Arbeit infolge des schädlichen Widerstandes nennt man seit Pénaud die „Translationsarbeit“, aber unzutreffender Weise, da ja auch zum Zwecke des Schwebens nichts anderes als eine Arbeit durch Translation verrichtet wird. Beim Schraubenflieger jedoch, falls er fürs Tragen separat eine horizontal rotierende und fürs Vorwärtsgehen eine vertikal rotierende Schraube verwendet, könnte die Bezeichnung Suspensions- und Translationsarbeit ganz richtig angewendet werden. —

Während die Suspensionsarbeit den aerodynamischen Gesetzen des Luftwiderstandes bei schiefem Luftstrom und der angenommenen Flügelform entspricht, also von der Natur vorgeschrieben wird, unterliegt die Translationsarbeit weit mehr der Willkür des Konstrukteurs; geschickte Disposition und passende Formgebung aller Apparatteile kann sie auf einen gewissen kleinen Betrag herabbringen, verschwinden wird sie natürlich in Wirklichkeit niemals, ja sie kann bei beträchtlicheren Fluggeschwindigkeiten einen sehr wesentlichen Teil der gesamten Motorarbeit beanspruchen.

Und aus diesem Grunde faßte sie eben Pénaud ins Auge und stellte damit die Berechnungen der Drachenflieger erst aus der Sphäre der bloß aerodynamischen Betrachtung in die praktisch-flugtechnische hinein. Jetzt wird immer mit beiden Arbeitskategorien gerechnet. In der hier besprochenen Abhandlung wendet aber Pénaud diesen Gedanken hauptsächlich auf den Vogelflug an und begründete dabei zugleich durch Aufstellung gewisser neuer Probleme das wichtige Kapitel der Minimum- und Maximumaufgaben im Gebiete der Flugtechnik. Das geschieht aber hier in folgender Weise und auf Grund folgender Annahme:

Angenommen, ein Vogel befinde sich in gewisser Höhe über dem Erdboden und gleite nun, ohne die Flügel zu bewegen, bloß infolge seines Gewichts und passender Neigung der Flügel mit konstanter Geschwindigkeit schief herab. Die ganze Fallarbeit, die die Schwere hier leistet, besteht — und das ist eben der Pénaudsche Grundgedanke — aus zwei Teilen; der eine dient mit Hilfe der Flügel zur Verhinderung einer Beschleunigung des Gleitens, da wir ja eine konstante Geschwindigkeit voraussetzen, der andere zur Ueberwindung der sogen. schädlichen Widerstände, die von dem Luftstoße gegen den Vogelrumpf, gegen die Dicke der Flügel und von der Luftreibung an allen Teilen des Vogels herrühren.

Es werden nun zwei mögliche Fälle ins Auge gefaßt: entweder soll der Vogel so langsam als möglich, oder mit der Bedingnug der kleinsten Fallhöhe, also in einer möglichst flachen Bahn, herabgleiten.

Beim ersten Anblick dürfte wohl der Unterschied beider Annahmen nicht deutlich hervortreten, wir wollen ihn daher so ausdrücken: Im ersten Falle handelt es sich darum, mit einem gegebenen Energievorrat — der Fallhöhe des Vogelkörpers während des Gleitens — eine so lange Zeit als möglich in der freien Luft zu bleiben, im zweiten aber darum, eine so lange, horizontal gemessene Raumstrecke als möglich zu überfliegen. Wir können daher diese beiden Aufgaben als die des Dauerfluges und die des Weitfluges bezeichnen; aber sie werden noch präziser charakterisiert, wenn wir folgende Ueberlegung anstellen:

So lange Zeit als möglich mit einem gegebenen Energievorrat auskommen, heißt doch nichts anderes, als pro Zeiteinheit so wenig Energie als möglich verbrauchen, d. h. die Motorarbeit, resp. die totale Arbeit pro Sekunde soll ein Minimum sein. Un andererseits: mit gegebenem Arbeitsvorrat möglichst flach, also möglichst weit, fliegen, heißt: für eine gewisse horizontal gemessene Entfernung möglichst wenig Energie aufbrauchen, also pro Wegeinheit die geringste Arbeit aufwenden. Das tritt aber nur dann ein, wenn der (totale) Luftwiderstand, von dem, nebst eben dieser Wegeinheit, ja die Arbeitsgröße abhängt, während des Gleitens ein Minimum ist.

Die beiden Aufgaben Pénauds kann man daher auch als die der kleinsten Motorarbeit pro Sekunde und als die des kleinsten Luftwiderstandes bezeichnen.

Es fragt sich nun: Welchen Winkel müssen in jedem dieser Fälle die Flügel und welchen die Gleitbahn gegen die Horizontale einnehmen? In welchem Verhältnis stehen beide Winkel zueinander? Wie groß sind die respektiven Gleitgeschwindigkeiten?

Wie groß ist in jedem dieser Fälle die totale Sekundenarbeit? Und in welchem Verhältnis stehen resp. in jedem Falle die Suspensions- zu der Translationsarbeit, welch letztere durch den nicht tragenden Apparatwiderstand resultiert?

Pénaud führte die Berechnungen durch und findet: für den langsamsten Flug muß die Translationsarbeit ein Viertel der totalen Fallarbeit, also ein Drittel der Suspensionsarbeit betragen, dabei ist die Flügelneigung gegen die Horizontale ein Viertel von jener der Bahn gegen dieselbe; für den weitesten Flug aber muß die Suspensionsarbeit gleich der Translationsarbeit sein, und die Flügelneigung ist die Hälfte der Bahnneigung gegen die Horizontale.

Ohne die weiteren Daten hier anzuführen, sei nur noch das eine hervorgehoben, daß beim Dauerflug die Drachenfläche unter steilerem Winkel gegen die Gleitbahn, aber mit kleinerer Geschwindigkeit fliegt als beim Weitflug, bei welchem der Angriffswinkel der Luft kleiner, aber die Geschwindigkeit größer ist. Und die Luftwiderstände infolge des Suspensions- und des Translationsvorganges verhalten sich in jedem der beiden Fälle genau wie die betreffenden Arbeiten.

Aus diesen Rechnungsresultaten zieht nun Pénaud weitgehende allgemeine Konsequenzen für den Vogelflug, die mit den Beobachtungen sehr gut übereinstimmen, und auf die wir hier nicht näher eingehen können; und zum Schlusse überrascht er wieder, wie in der Abhandlung über sein Drachenfliegermodell durch gewisse Berechnung schwer zugänglicher Daten, und zwar an einem Raben, dessen Gleitflug er mehrfach beobachtet und gemessen hatte. Er fand, daß dessen Gleitlinie jene einer flachsten Bahn war, deren Neigung gegen die Horizontale 7 Grade, also die Flügelneigung 3 Grade und 30 Minuten betrug; bestimmte den Luftwiderstands-Koeffizienten der Flügel als Tragflächen, wie auch des Rumpfes; berechnete die Zuschärfung des Körpers dieses Raben zu ein Siebentel,

d. h. dieser Vogel durchschneidet die Luft mit seinem zugespitzten Körper siebenmal leichter, als wenn sein größter Querschnitt als eine ebene Fläche von dem Luftstrom quer getroffen würde. Wie er selbst hervorhebt, und wie es selbstverständlich ist, dürfen alle diese ziffermäßigen Rechnungsresultate nicht als absolut genaue angesehen werden; aber sie wurden auf eine nahezu geniale Weise gewonnen, und nach einer Methode, die eine Anwendung auf viele Arten fliegender Wesen zuläßt und daher fruchtbare Vergleichungen in Aussicht stellt.

* * *

Noch wichtiger als diese eben erwähnten Rechnungen ist aber die Erweiterung, die schon Pénaud selbst seinem Gedanken über die Zweiteilung der totalen Flugarbeit und also auch den Minimum-Problemen gab, indem er (als achtes Korollar zu demselben) anführt, daß dieses Kalkül sich gleicherweise (wie auch das Gleiten eines Vogels) anwenden läßt auf jeden geeigneten Aeroplan, der von einem Propeller getrieben wird, wie z. B. der Pénaudsche Planophor, d. h. auf alle Drachenflieger. Und damit war die Bahn gebrochen für die vielfachen, oft sehr interessanten rechnerischen Untersuchungen, die seither von den Flugtheoretikern angestellt worden sind. — Vor Pénaud wurde, meines Wissens, niemals Suspensions- und Translationsarbeit, sondern nur das Gewicht des Flugapparats, also der lotrechte Druck der Luft auf die Flügel und andererseits der sogen. Stirnwiderstand, d. i. jener des ganzen Apparats, also ebenfalls ein Druck, unterschieden; und das dürfte zuerst Silberschlag 1781 in seiner Abhandlung „Von dem Fluge der Vögel“ getan haben. Der Arbeitsbegriff war damals und noch lange nachher nicht entfernt so geläufig wie der Kraft- oder Druckbegriff.

Vereinzelte Anklänge an Pénauds Theoreme finden sich nach ihm und vielleicht unabhängig von ihm im Jahre 1876 bei Lippert, 1877 bei G. Schmidt, dann bei Wellner, welche alle sich mit den Bedingungen der „flachsten“ Bahn befaßten, Schmidt aber auch mit dem Problem des Maximums der Tragkraft. —

Eine Zeitlang, und zwar sogar bis in die 90er Jahre des vorigen Jahrhunderts, wurden von einigen Flugtechnikern an den Begriff der Suspensionsarbeit phantastische und unrichtige Erwartungen geknüpft, die ich im Jahre

3*

1888 in der Zeitschrift für Luftschiffahrt und dann 1889 in meiner „Flugtechnik“ bekämpfte. Dort und in der Abhandlung „Flugtechnische Studien I“ in derselben Zeitschrift des Jahres 1896 behandelte ich das Gleitproblem in allgemeinerer Weise als Pénaud, und das Problem der Schwebearbeit prinzipiell, d. h. physikalisch, eingehender, ohne daß ich aber irgendetwas wesentliches hierin über Pénauds Leistungen hinaus geboten hätte. Zu erwähnen wäre noch, daß auch Ch. Rénard dieselben allgemeinen Rechnungen wie Pénaud im Jahre 1892 in der „Revue de l'Aéronautique“, also viel später als dieser, publizierte, dieselben aber seiner Angabe nach schon (wie ich mich zu erinnern glaube) im Jahre 1870 gefunden haben will; was einem Geist wie Rénard leicht zuzutrauen ist. Nebenbei sei übrigens bemerkt, daß auch Pénaud seine Theoreme im Jahre 1870 gefunden hat.

Heute sind die Ideen Pénauds und seine beiden Probleme des Dauer- und des Weitflugs so in der Flugtheorie eingebürgert, daß bereits die Lehrbücher von ihnen Gebrauch machen, z. B. jenes von Wellner: „Die Flugmaschinen“ und von Lanchester über: „Aerodynamik“; in letzterem Werke sind die beiden Theoreme Pénauds (auf S. 198 der deutschen Uebersetzung) fast genau in des letzteren Formgebung aufgestellt und dem Gleitproblem durch einige Erweiterungen der Minimumprobleme ein ganzes Kapitel gewidmet. Sowohl Wellner als auch Lanchester erwähnen ihren ersten Vorgänger (und auch einen andern) nicht.

Pénaud hat übrigens nebst der Zweiteilung der Totalarbeit bei einer Gleit- und Flugmaschine auch jene des Gewichtes derselben ins Auge gefaßt und ein Theorem über das günstigste Verhältnis des Motorgewichts zum Totalgewicht aufgestellt, wonach jenes ein Drittel des letzteren betragen solle. Dieser Gedanke wurde von Pénaud nur in wenigen Worten im l'Aéronaute des Jahres 1876 angedeutet und nicht weiter verfolgt. Wenige Jahre später — und wie ich sicher weiß, ohne jenen unscheinbaren Satz Pénauds zu kennen — hat A. Jarolimek dasselbe Theorem gefunden und privatim mitgeteilt.

Ich selbst habe bald darauf, von diesem Gedanken Jarolimeks angeregt, die Aufgabe behandelt, nicht die Motorarbeit, sondern aus praktischen Gründen die Flügelfläche so klein als möglich zu machen. Die Resultate der Ausrechnung dieses Minimumproblems publizierte ich in dem Aufsatze: „Ueber eine Flugmaschine von Edison und das Programm aeronautischer Versuche im Allgemeinen" (Neue Freie Presse vom 27. Juli und 3. August 1880). Das Ergebnis dieser Minimumrechnung war, daß, um ein Minimum der Tragflächengröße zu ermöglichen, das Motorgewicht zwei Drittel des Gesamtgewichts sein müsse.

Den Grundgedanken der Gewichtszerlegung behufs Lösung von mehreren Maximum- oder Minimumproblemen, namentlich bezüglich der Nutzlast, hat Jarolimek einer weiteren Entwicklung unterworfen und in seiner im Jahre 1893 in der Zeitschrift des Oesterr. Ing.- und Arch.-Vereins erschienenen Abhandlung „Ueber das Problem dynamischer Flugmaschinen" publiziert. Eine weitere, sehr eindringende Untersuchung dieses Themas, besonders der Frage der möglichsten Steigerung der Nutzlast publizierte R. Conrad in der Abhandlung „Die Entwicklungsfähigkeit der Luftfahrzeuge", die im Jahre 1910 in Heft 3 und 6 der Zeitschrift „Der Motorwagen" erschien.

Daß solche Minimumprobleme, namentlich jene des kleinsten Arbeitsaufwandes sehr nützlich werden können, obwohl sie es heute noch nicht in gewünschtem Maße sind, weil wir die Konstruktionselemente der Flugmaschinen noch nicht genug beherrschen — ersieht man u. a. sehr gut aus der in den letzten Monaten theoretisch und praktisch behandelten Frage: Welches die günstigste Höhenlage für den dynamischen Flug sei? Deren Behandlung findet sich in dem oben erwähnten Wellnerschen Lehrbuch und in der später in Nr. 6 der „HP.-Fachzeitung für Automobilismus und Flugtechnik" vom Jahre 1910 erschienenen Abhandlung Jarolimeks „Ueber den Einfluß der Luftdichte auf den dynamischen Flug".

Selbst die Anwendung, die Pénaud von seinem Grundgedanken auf das Gleitproblem macht, kann vielleicht einmal in der Flugtechnik praktisch wichtig werden; nämlich dann, wenn es sich darum handeln sollte, das Herabgleiten eines Drachenfliegers, dessen Motor sich außer Betrieb befindet, entweder für Dauer- oder für Weitflug einzurichten; ebenso, wenn man etwa mit einem Akkumulator von bestimmtem Energieinhalt fliegen und gleiten wollte; und endlich dann, wenn man mit einer bloßen Gleitfläche von einem hohen Berge oder von einem Luftballon aus möglichst lange oder möglichst weit herabgleiten wollte, was vielleicht zu militärischen Zwecken gewünscht werden kann. In allen diesen Fällen wird es sich um die den Pénaudschen Rechnungen entsprechenden Winkeleinstellung handeln. Jedoch dürfte das Herabgleiten von einem Ballon gleich im Beginne sehr gefährlich sein und auch ist es zu bezweifeln, daß es möglich sein werde, die richtige Winkeleinstellung genügend genau zu beherrschen*).

Alles zusammengefaßt, können wir also sagen, daß wir Pénaud die Aufstellung des Gesichtspunktes verdanken: das Fliegen unter Voraussetzung gewisser ausgezeichneter Fälle zu betrachten, die eine praktische Bedeutung gewinnen können. Wie anregend übrigens dieser Gesichtspunkt ist, erkennt man daraus, daß dieser Tage ein Flugtechniker nicht weniger als sieben solcher ausgezeichneter Fälle für die Geschwindigkeit eines Drachenfliegers aufstellte. (A. See in l'Aérophile vom 15. November des Jahres 1909.

V.

So wichtig aber das bisher Mitgeteilte aus der Pénaudschen Gleitflug-Untersuchung sein mag, so ist doch noch ein Punkt aus derselben gar nicht berührt worden, der wichtiger als alles andere ist, ja, bei dem es sich um eine der wichtigsten aller aerodynamischen Fragen handelt, die überhaupt in die praktische Flugtechnik eingreifen und von der auch in den beiden Pénaudschen Theoremen die ganze Rechnung, nämlich der Ansatz derselben, abhängt. Diese Frage lautet: Sinus oder Sinusquadrat? Und bei der Wichtigkeit dieser Frage und der auch an sich interessanten Geschichte ihrer Rolle in der Aviatik wollen wir bei diesem Gegenstande länger verweilen. — —

Wenn man im freien Luftraum vorwärts kommen oder sich schwebend erhalten will, so gibt es hierzu verschiedene Methoden: die Anwendung eines Luftballons ohne oder mit Motor, raketenartiger Rückstoß durch Explosionsvorgänge (z. B. von Pulver), oder endlich durch Benutzung der freien Luft selbst als stützende Masse, indem man künstlichen Wind erzeugt, der auf (durch einen Motor) bewegte

*) Kurz nachdem ich dieses geschrieben hatte, kam mir Nr. 9 der HP.-Zeitung zu Gesicht, und darin findet sich die Mitteilung, daß ein Gleitflugpreis (von 1000 Frcs.) für einen Flug von einer vollen Minute mit abgestelltem Motor gestiftet und überdies auch ein Fallschirm-Wettbewerb ausgeschrieben wurde. Offenbar berührt sich die Gleitflugaufgabe, unbewußt, sehr nahe mit den Penaud'schen Problemen, und es wird vielleicht doch einmal gelingen, brauchbare Einrichtungen für die notwendigen Winkeleinstellungen zu erfinden.

Flächen drückt. Die letztere Methode ist es, die bei den heutigen Flugmaschinen und den fliegenden Tieren, und im Grunde genommen auch bei den eigentlich sogenannten Drachen benützt wird.

Bei den Drachen ist es der natürliche oder der durch das Nachziehen desselben durch den laufenden Knaben oder das schnell fahrende Schiff u. dergl. entstehende künstliche Wind, der ihn selbst — mit einem oft beträchtlichen Gewicht — hebt und trägt.

Genau derselbe Vorgang wie beim Drachen findet nun bei allen Systemen von Flugmaschinen statt, die seit Pénauds Klassifikation, als Schrauben-, Schwingen- oder als Drachenflieger (Aeroplan) bezeichnet werden. Die Fläche einer Luftschraube, die trägt oder hebt oder vorwärts treibt, gerade so wie die Flügel- oder Schwingen der Vögel und wie die Tragflächen unserer Aeroplane sind in ihrer Wirkungsweise prinzipiell identisch mit dem Kinderspiel-Drachen; und da dieser jedermann bekannt ist, so soll das aerodynamische Problem, um das es sich hier handelt, eben an diesem Beispiel erläutert werden. — Ohne alle fachlichen Studien weiß es nun jeder, daß eine solche Drachenfläche eine desto größere Last im Winde tragen kann, je größer sie ist und je schneller die Luftströmung an seine Fläche anstößt. Hieraus folgt sogleich, daß man bei künstlichem Wind, also z. B. bei unseren Aeroplanen, desto schneller fahren muß, um ein bestimmtes Gewicht zu tragen, je kleiner die Trag-, d. i. die Drachenfläche, angenommen wird. Man findet aber heute mitunter selbst in sonst sehr guten Werken über Drachenflieger den Ausspruch, man könne mit Monoplanen schneller fliegen, als mit Biplanen. Da aber die Monoplane, um nicht zu große Spannweiten, also auch Flächengrößen und schwere Versteifungen, zu bekommen, fast immer kleinere Tragflächen erhalten als Biplane, so ist der obige Ausspruch nicht ganz korrekt, und er müßte lauten: Mit Monoplanen muß man schneller fliegen als mit Biplanen.

Nicht weniger ist es eine allgemein bekannte Tatsache, daß man einen Drachen für um so besser disponiert hält, je flacher er im Winde, je mehr er sozusagen auf dem Bauche liegt, d. h. unter je kleinerem Winkel der Wind seine Fläche trifft. Hier tritt das ein, was man in der Aerodynamik den „schiefen Luftstoß", richtiger: den Druck durch einen schief gerichteten Luftstrom, nennt. Die Güte der Disposition liegt bei solcher sehr flachen Lage

(„Reiten auf dem Winde“) darin, daß die Zugkraft, mit welcher der Drachen (vom Knaben oder vom Schiff) fortbewegt, oder, im Falle natürlichen Windes, festgehalten werden muß, im Verhältnis zur Tragkraft des Drachens gering ist; und darauf kommt es auch bei den Drachenflächen der Flugmaschinen hauptsächlich an. Jeder sieht ja ein, daß es z. B. beim Drachenflieger wichtig ist, daß die Propellerschraube einen nicht zu großen Vorwärtstrieb auszuüben hat, um die Tragfläche mit der genügenden Geschwindigkeit durch die Lüfte zu führen, bei der sie eben die nötige Tragkraft für das Schwebendhalten des ganzen Drachenfliegers besitzt. Je kleiner der Propellerstoß bei gegebener Tragkraft und Fahrtgeschwindigkeit, desto schwächer kann ja der mitzunehmende Motor sein. Es entsteht nun die Frage, welche „Schiefe“ man der Drachenfläche geben soll, d. h. unter welchem Angriffs- (oder „Anstell-“) Winkel man die Luftströmung gegen jene Fläche wirken lassen soll.

Wenn man die Drachen- oder Aeroplanfläche, die der Einfachheit wegen vorläufig als ebene Fläche vorausgesetzt wird, mit ihrer ganzen Fläche quer, also lotrecht stehend, vorwärts bewegen würde, so hätte man einen großen — den größtmöglichen — Luftwiderstand zu überwinden, also die größte Stoß- oder Zugkraft auszuüben, aber eine solche senkrecht von der Luft getroffene Fläche hätte gar keine Fähigkeit, irgendetwas zu tragen. Würde man aber die Fläche genau horizontal durch die Luft führen, so hätte man wohl fast gar keine Triebkraft nötig, aber der Drachen könnte ebenfalls nichts tragen, weil, genau wie im vorigen Falle, kein Luftdruck nach oben ausgeübt wurde. Es müssen also gewisse Zwischenstellungen zwischen vertikal und horizontal gestellten Drachenflächen existieren, bei denen Triebkraft oder Tragkraft gleichzeitig real vorhanden sind; und noch mehr, es muß gewiß unter allen diesen Schiefstellungen solche geben, bei denen das Verhältnis zwischen beiden Kräften (Drucken) ein besonders günstiges ist. Hier muß nun das Experiment herhalten, und man kennt jetzt ziemlich genau die Angriffswinkel, bei denen das in der großen Praxis zutrifft.

Die heutigen Drachenflieger benutzen einen Angriffswinkel von ungefähr 3—10 Grad — die Angaben variieren sehr, selbst bezüglich derselben Typen — sie werden aber nicht als ebene, sondern als schwach gewölbte Flächen — was schon Pénaud befürwortet und benutzt hat

— ausgeführt, wobei dann unter Angriffswinkel die Neigung der Luftströmung gegen die Sehne der Wölbung verstanden wird; ferner werden sie breit und kurz, d. h. mit relativ großer Querdimension, konstruiert. Und solche Drachenflächen zeigen nun im Durchschnitt einen Traktionskoeffizienten, d. h. ein Verhältnis von Antriebkraft zur Tragkraft, von ungefähr ein Achtel; also mit 1 kg Triebkraft des Propellers werden von der so gestoßenen Drachenfläche 8 kg Gewicht in der Luft schwebend gehalten. Wird aber der nichttragende („schädliche") Widerstand mit berücksichtigt, so wird der heute erreichbare Traktionskoeffizient ungefähr ein Sechstel bis ein Fünftel. Bei ebenen Drachenflächen ist dieses Verhältnis ungünstiger. —

Diese Tatsache, daß man mit irgendeiner Kraft eine bedeutend größere Last, also ebenfalls eine, und zwar größere, Kraft, ausüben kann, ist schon bei den gewöhnlichen, sogenannten „einfachen" Maschinen sehr merkwürdig Es ist doch gewiß merkwürdig — obwohl alltäglich — daß man mit einem Hebel durch eine kleinere Kraft eine relativ große Last bloß dadurch überwinden kann, daß man die Hebelarme ungleich lang macht; denn was haben, sollte man meinen, Armlängen mit Kräften zu tun? Ebenso gilt das Gesagte von der schiefen Ebene; bloß dadurch, daß ich eine Bergstraße sehr sanft ansteigend mache, bin ich imstande, mit nur zwei Pferden enorme Lasten in die Höhe zu bringen. Am interessantesten aber ist doch der Fall mit den geneigten Drachenflächen; auch diese, in Kombination mit (relativ) bewegter Luft oder Flüssigkeit im allgemeinen sind eine Maschine, bei der eine kleinere Kraft eine viel größere Last, die in anderer Richtung als jene zieht, überwinden, d. h. einen größeren Druck als sie selbst, hervorrufen kann. Es ist hier ganz nebensächlich, daß dieses Verhältnis nicht willkürlich groß, wie bei den einfachen Maschinen, dem Hebel z. B., bewerkstelligt werden kann, sondern, daß es vermöge der Natur dieser Vorrichtungen nur innerhalb gewisser Grenzen bleiben muß. — —

Soweit wären also die Verhältnisse bei Drachenflächen klar und auch nicht ungünstig — aber unter einer Voraussetzung! Bisher stellten wir nämlich durch Erfahrungen im Kleinen und im Großen wohl fest, daß die Traktionskoeffizienten bei gewissen kleinen Angriffswinkeln der Luftströmung immerhin günstige seien. Aber das bezieht sich doch nur auf ein Verhältnis, nämlich zwischen Antriebs- (Zug- oder Stoß-) Kraft des Propellers und Auftrieb, d. h. Tragkraft.

Was nützt uns aber ein solches günstiges Verhältnis, daß also z. B. um 800 kg Gewicht zu tragen (oder vor dem beschleunigten Niedersinken zu bewahren) nur ungefähr 100 kg Antriebskraft nötig sind, wenn diese 800 kg Tragkraft nur bei einer praktisch undenkbar großen Geschwindigkeit oder bei einer enorm großen Tragfläche hervorgerufen werden könnten?

Eine große Geschwindigkeit würde eine große Motorarbeit bei einer gegebenen Flächengröße und Schiefstellung nötig machen, und wenn wir, um das zu vermeiden, die Tragfläche sehr groß machen wollten, so wäre dies wiederum unpraktisch wegen der Unbehilflichkeit einer solchen Maschine und wegen ihres großen Gewichts. Wir sehen jetzt also die Notwendigkeit ein, sowohl Traktionskoeffizienten als auch Auftriebsdrucke zu berücksichtigen, damit das gewünschte Resultat: kleine Arbeitsgröße, mit Sicherheit erreicht werde; ob das und in welchem Grade dies der Fall ist, kann nur die mathematisch präzise ausgedrückte Formel für die Sekundenarbeit, und die experimentelle Feststellung der in dieser Formel enthaltenen allgemeinen Ausdrücke lehren*).

Jetzt aber sehen wir schon, vor aller mathematischen Untersuchung, ein, daß uns bloß ein günstiges Traktionsverhältnis oder eine bloße absolute Größe des normalen (resultierenden) oder sogar direkt lotrechten Luftwiderstandes nicht genügen kann; denn wir können eben aus bloß einer dieser beiden Größen, also auch aus einem noch so kleinen Traktionsverhältnis, nicht schließen, ob sich nicht — die Fläche als gegeben vorausgesetzt — eine zu große Geschwindigkeit als notwendig zum Tragen des Apparates herausstellen würde?

Und das könnte ja vielleicht wirklich so sein? Denn wohl ist der Luftdruck auf senkrecht gegen die Strömung gerichtete Flächen selbst bei kleinen Dimensionen derselben und nicht gar großen Windgeschwindigkeiten schon sehr beträchtlich, so daß z. B. ein gleichmäßig blasender Luftstrom von 100 km pro Stunde auf 1 qm nahezu 100 kg Druck ausübt, und ein stoßweiser Wind noch viel

*) Man sehe die am Schlusse des Abschnitts VI gegebene, durch zwei Figuren und einige Formeln illustrierte Erläuterung zu dem hier Gesagten.

mehr. Aber wir sind ja, wie wir sahen, gezwungen, die Drachenfläche nicht senkrecht, sondern sehr flach, also schief unter kleinem Winkel, gegen den Luftstrom zu stellen, damit ein gegenüber dem hervorgerufenen Auftrieb relativ kleiner Vortrieb („nützlicher" Widerstand oder Tragwiderstand), also ein günstiger Traktionskoeffizient, ermöglicht werde. Es bleibt also die Frage bestehen: Wie groß sind die auf solche schiefen, z. B. horizontal bewegten, Flächen ausgeübten Normal- oder resultierenden und die mit ihnen nahezu gleich großen lotrechten Drucke, allgemeiner gesprochen: die auf der Bewegungsrichtung senkrecht gerichteten Auftriebskräfte? Und in welchem Verhältnis stehen diese Auftriebskräfte zu jenen Drucken, welche senkrecht gestellte, gleich große Flächen durch gleich schnelle Luftströmungen erleiden? Endlich die Hauptfrage: Wie groß ist bei gegebenem Gewicht und Flächenausmaß die zur horizontalen Fortbewegung notwendige Arbeit? —

Bei dieser Frage, die nahezu eine Existenzfrage für die Möglichkeit der Flugmaschine bedeutete, entspann sich jener lange Jahre hindurch geführte Kampf, den man den „Kampf um den Sinus", oder genauer: „um die Sinuspotenz" nennen könnte.

Unter Sinus wird hierbei in der Hauptsache nichts anderes verstanden, als das Verhältnis zwischen den Normaldrücken bei senkrechtem und bei schiefem Luftstrom; und da wir immer mit sehr kleinen Winkeln rechnen müssen, so ist dieses Verhältnis ein echter Bruch, der, praktisch genau genug, der Böschungs- oder Neigungszahl gleich gesetzt werden kann. So z. B. ist die Böschungszahl bei einer schief gestellten Drachenfläche, die einen Winkel von 9 Graden mit der Horizontalen einschließt, rund ein Sechstel (genauer 0,156) und der Streit dreht sich nun darum, ob jene Verhältniszahl (genau genug) ein Sechstel oder ein Sechsunddreißigstel sei, was in der Aerodynamik als Frage des einfachen Sinus oder des Sinusquadrats erscheint. Seit Newton bis in die neuere Zeit rechnete man immer mit dem Sinusquadrat, jetzt rechnet man, mit seltenen Ausnahmen, mit dem einfachen Sinus; und man sieht jetzt die Wichtigkeit der Entscheidung leicht ein, denn im ersteren Falle ist der Auftrieb nahezu nur ein Sechsunddreißigstel vom Druck bei senkrechtem Luftstoß, im zweiten Falle aber ein Sechstel davon, also bei weitem, nämlich sechsmal, größer. Und man kann sich daher auch nicht wundern, daß man mit Newtons Formel für die Arbeitskraft eines fliegenden Vogels unmöglich scheinende Größen herausgerechnet hat.

Nun wurden aber schon im Jahre 1798 von dem Engländer Vince Ergebnisse von Versuchen mit Wasserströmungen gegen schiefe Flächen publiziert, die in der Hauptsache gegen Newton und für den einfachen Sinus entschieden hatten; nicht sehr lange danach wurden Resultate von Luftwiderstandsmessungen durch Thibault u. a. bekannt gemacht und letztere im Jahre 1828 von Duchemin in einer Formel zusammengefaßt, die, bei kleinen Winkeln, ebenfalls sich ziemlich genau dem Gesetz des einfachen Sinus anschlossen. Wie verhielten sich aber die theoretischen Aerodynamiker und die Flugtechniker diesem allem gegenüber? . . . . . . Fast alle blieben bei Newtons Formel. Erst im Jahre 1876 publizierte Lord Rayleigh seine berühmte hydrodynamische Abhandlung, deren resultierende Formel sehr gut mit Vinces Messungen übereinstimmt; und etwas früher verfocht Ingenieur Louvrié und Pénaud ebenfalls die Formel des einfachen Sinus. Von einem allgemeinen Fallenlassen des Sinusquadrats war noch keine Rede; die Abhandlungen der Fachmänner, die Hand- und Lehrbücher und auch die Ingenieur-Taschenbücher behielten Newtons Formel bei. Im beinahe vornehmsten deutschen Taschenbuch für Ingenieure, der „Hütte“ vom Jahre 1892, heißt es noch (auf S. 278 des I. Teils): „Zurzeit fehlt es an genügenden Versuchen darüber, welche Formel — nämlich die Newtonsche oder die Rayleighsche und die dieser nahe kommende von Lößl — die richtige ist und, heißt es weiter, nach einem Gutachten der Königl. Preuß. Akademie des Bauwesens genüge es, das Gesetz des Sinusquadrats anzunehmen.

* * *

VI.

An dieser Stelle sei es nun gestattet, eine persönliche Mitteilung zu sachlichem Zwecke zu machen. Seit langen Jahren mit dem Problem der Luftschiffahrt beschäftigt, studierte ich natürlich auch die zahlreichen Projekte zu dessen Lösung. Da mir nun alle wertlos, wenn nicht gar grundsätzlich falsch erschienen, beschloß ich, anstatt selbst ein Projekt zu entwerfen, oder wenigstens vorher, rechnerisch zu untersuchen, ob es mit den damals — nämlich am Ende der 70er Jahre des vorigen Jahrhunderts — vorhandenen technischen Hilfsmitteln, auf der Basis der zur Zeit herrschenden aerodynamischen Formeln und Ansichten, prinzipiell möglich oder unmöglich sei, mittels Flugmaschinen, also ohne Ballons, zu fliegen. Zu diesem Zwecke nahm ich alle damaligen Arten von Motoren vor, ihre Leistungsfähigkeiten und die Gewichte dieser Motoren und aller für ihre Funktionierung während einer nicht gar zu kleinen Zeit notwendigen Nebenapparate, Brennstoffe u. dgl. Ich setzte ebene Flächen voraus und als Luftwiderstandsgesetz legte ich die Newtonsche Formel meinen Berechnungen zugrunde; und nach obigen Auseinandersetzungen wäre auch damals keine andere offiziell akzeptiert worden und daher meine Rechnung mit einer anderen Grundformel nur ein Schlag ins Wasser gewesen.

Das Resultat der Untersuchung war ein sehr betrübendes: Das Fliegen erschien derzeit unmöglich; eine Prophezeiung, ob es anders werden könnte, unterließ ich gelegentlich der Bekanntgebung dieser Untersuchung absichtlich und meiner Natur gemäß*). Soviel ich weiß, hatte niemand anderer eine derartige allgemeine und rechnerische Untersuchung vorgenommen, selbst von Pénaud ist eine solche nicht bekannt geworden, ich machte daher dieselbe zum Gegenstande zweier Vorträge, die ich im Winter 1879 und 1880 im Oesterreichischen Ingenieur- und Architekten-Verein in Wien hielt. Zur gründlicheren Beleuchtung der Aufgabe legte ich überdies, nachdem ein praktischer Dauerflug sich zufolge meiner Berechnungen als aussichtslos herausstellte, einer speziellen Rechnung die

*) In meiner „Flugtechnik" sprach ich mich (auf S. 19) über das Prophezeien im technischen Gebiet, namentlich über das Prophezeien von Unmöglichkeiten, näher aus. Soweit ich zu urteilen vermag, gibt es überhaupt keine größere Schwierigkeit, als Unmöglichkeiten zu beweisen, und es war das bisher in der Tat nur in einem einzigen Gebiet, nämlich in dem der Mathematik, möglich. Die größte Manifestation menschlicher Geisteskraft ist wohl in den negativen Prophezeihungen in der Mathematik zu finden, weit mehr als in den positiven Fortschritten derselben. die stets — sie seien auch noch so genial — eher den Eindruck glücklicher Einfälle machen, während der stringente Beweis sehr versteckter Unmöglichkeiten einen eigentümlichen Charakter von männlicher Geisteskraft und zugleich von Tiefsinn trägt. Es war auch ein Riese an Geisteskraft und Tiefsinn, nämlich Gauß, der, meines Wissens als der erste, in der Zahlenlehre der Welt mit einem solchen Unmöglichkeitsbeweis imponierte.

bescheidene Annahme zugrunde, es handle sich nur darum, einen größeren Sprung durch die Luft, und zwar in der Dauer von bloß einer Minute, auszuführen, also, wie ich es nannte, eine „aeronautische Sprungmaschine“ zu konstruieren. Dabei setzte ich voraus, daß man den Motor mit Akkumulatoren, wie komprimierter Luft (wie bei den Torpedos), oder mit überhitztem Wasser, betreiben wolle. Aber auch das zeigte sich als unerreichbar, obwohl ich hier für die Festigkeit der Materialien Zahlen zugrunde legte, die an die äußerste Grenze des Zulässigen gingen*).

Zu noch weiterer Erhöhung der Einsicht in die Sachlage zog ich auch den Vogelflug in den Kreis meiner Berechnung, indem ich die Größe der Flugarbeit bei einigen Vögeln bestimmte und das Gewicht dieser tierischen Motoren — der Muskeln — rücksichtlich ihrer Leistungsfähigkeit mit dem Gewicht unserer Motoren, resp. Kraftmaschinen, verglich. Da meine Methode, die Flugarbeit der Vögel zu berechnen, eine neue war, und so weit ich die Literatur kenne, es auch noch heute ist (ich ließ die beiden Vorträge nicht drucken), so will ich ganz kurz mitteilen, wie ich diese Frage auf sehr einfache und hier hinreichend genaue Weise zur Lösung brachte.

* *
*

Bei der Fortbewegung der Tiere bilden die Muskeln die Analogie zu unseren Motoren, die Kraftquelle ist das Blut, das in den Muskeln verbrennt und als Vorrat für Dauerleistung der Muskeln in den Blutgefäßen zirkuliert, welche unseren Dampfkesseln oder Benzinreservoirs entsprechen. Die Arbeitsleistung der Muskeln hängt von ihrem Gewichte ab und nach Marey ist die Arbeitsfähigkeit, pro Sekunde gerechnet, pro Kilo Muskelsubstanz bei allen Warmblütern nahezu gleich. Nun kennen wir die Gewichte der arbeitsliefernden Muskeln sowohl bei Menschen als auch bei den Vögeln, und da wir auch die Leistungen der Menschen je nach der Art ihrer Arbeit kennen, so brauchen wir bloß zu berechnen, was 1 kg Menschenmuskel leistet, um dann sofort die normale oder angenähert selbst die forcierte Flugarbeit der Muskeln der verschiedenen Vögel zu finden.

---

*) Einige der zahlenmäßigen Resultate meiner diesbezüglichen Untersuchungen publizierte ich in der „Neuen Freien Presse“ vom 3. August 1880 in dem Aufsatze: „Ueber eine Flugmaschine von Edison und das Programm aeronautischer Versuche im Allgemeinen“.

Wir wollen hier zwei Arten menschlicher Arbeit in Betracht ziehen; jene, bei der bloß die Brustmuskeln, also die Arme, arbeiten, und jene, wo bloß die Wadenmuskeln, also die Beine, Arbeit leisten. Die Arme allein, ohne Zuhilfenahme der Fußmuskeln, arbeiten, wenn der Mensch am Seil oder am Handgöpel zieht; erstere Art ist aber ungünstiger als die zweite, und zwar beträgt die Leistung am Seil (durchschnittlich) 3,6 Meterkilogramm (mkg) und am Handgöpel 7 mkg pro Sekunde. Das Gewicht der beiden Brustmuskeln beträgt nach einer Wägung von E. Weber 0,773, in anderen Fällen 0,82 kg bei kräftigen Individuen. Hieraus folgen sofort die Grundzahlen, daß 1 kg Brustmuskel ungefähr 8,75 sekmkg, also 0,117, rund ein Neuntel Pferdekraft leistet, falls wir die größere Leistung am Handgöpel zugrunde legen wollen. Dabei ist das Gewicht des menschlichen Körpers durchschnittlich 75 kg.

Im anderen Falle leistet der Mensch, z. B. beim Gehen auf ebener Straße und ohne Gepäck, nach Mareys Messungen 9 sekmkg, das Gewicht der zwei Wadenmuskeln ist nach Weber 1,33, nach anderen 1,4 kg. Es leistet daher 1 kg Wadenmuskel 6,43 sekmkg oder 0,086 PS. Diese Ungleichheit der spezifischen Leistung widerspricht nur scheinbar obigem Satze von der Gleichheit der Arbeitsfähigkeit aller Muskeln, denn die Leistung hängt auch von dem Regime, von der Art der Arbeit ab, also von dem Grade, wie adäquat dieselbe der Konstruktion der Gliedmaßen ist. Und nun können wir sofort die Flugleistungen der Vögel abschätzen:

Der Sperling hat ein Gewicht von 0,03 kg, seine beiden Brustmuskeln ein Gewicht von 0,005 kg, sie leisten also $0{,}005 \times 8{,}75 = 0{,}044$ sekmkg, oder $0{,}005 \times 6{,}43 = 0{,}032$ sekmkg, je nachdem wir die Arbeitsart der Arme am Handgöpel oder der Beine beim Gehen des Menschen der Vergleichung zugrunde legen; im Mittel also 0,038 sekmkg.

Die Haustaube mit einem ungefähren Gewichte von 0,33 kg hat zwei Brustmuskeln von zusammen 0,07 kg, leistet also beim normalen Fliegen respektive 0,61 oder 0,45 sekmkg, im Mittel 0,53 sekmkg.

Die Brieftaube mit einem Gewicht von 0,4 kg hat 0,12 kg Brustmuskeln, leistet also resp. 1 oder 0,77, im Mittel 0,88 sekmkg.

Der Storch hat ein Gewicht von ungefähr 3 kg, meistens bis nahe an 4 kg; Brustmuskeln von 0,544 kg und eine Leistung von 4,76 oder 3,5, im Mittel von 4,13 sekmkg.

Auf diese Weise sind wir zu ziemlich genauen Zahlen der normalen Arbeit beim Vogelflug gelangt, über die wohl die meisten Menschen gänzlich im ungewissen sind, und es sei hinzugefügt, daß obige Resultate mit den Ergebnissen anderer Berechnungsmethoden gut genug übereinstimmen, wobei, wie ich glaube, die hier vorgetragene Rechnungsart am meisten Anspruch auf Genauigkeit, resp. Sicherheit, erheben dürfte. Als Beispiel einer anderen Art zu rechnen, werden wir dann eine von Pénaud angewandte anführen.

Später als Pénaud rechnete dann Lilienthal in seinem im Jahre 1889 erschienenen Buche „Der Vogelflug" die Flugarbeiten der Vögel auf aerodynamischem Wege. Im 40. Kapitel berechnet er die Sekundenarbeit des Storchs und findet sie beim Ruderflug in Windstille ungefähr gleich 4 sekmkg, bei besonders günstiger Flugmethode nur 2,67 sekmkg, also obigen Zahlen sehr nahe; wie ich aber in den „Flugtechnischen Studien I" (in der Z. f. L. des Jahres 1896 auf S. 240) gezeigt habe, steckt in Lilienthals Rechnungsmethode ein prinzipieller Fehler und, wenn dieser Fehler eliminiert wird, resultiert für den Storch nach Lilienthals aerodynamischer Methode eine Sekundenarbeit von 6,7, resp. 4,5 sekmkg.

Der Physiologe Ch. Richet erschloß die Flugarbeit der Vögel und speziell der Taube auf chemisch-physiologischem Wege und gab sein Resultat in der Revue Scientifique (vom 28. November 1891) bekannt. Er bestimmte das Volum von Kohlensäure, das der Vogel in der Ruhe und andererseits im vollen Flug ausatmet, und fand dieses Volum im letzteren Fall dreimal so groß als in der Ruhe. Diese Differenz soll nun einer Sekundenarbeit von $1/2$ kgm pro Kilogramm Vogelgewicht entsprechen. Hiernach würde eine Haustaube im vollen aber normalen Fluge bei einem Gewicht von 0,33 kg eine Sekundenarbeit von $1/6 = 0{,}17$ kgm leisten; also zirka ein Drittel von der nach meiner Methode gefundenen Arbeit. Ob aber auf diesem chemisch-physiologischen Wege eine genügend genaue Zahl gefunden werden kann, kann ich nicht entscheiden; ist mir aber nicht wahrscheinlich.

* * *

Nach meiner physiologischen Rechnungsart ergibt sich aber auch unmittelbar die Antwort auf die Frage nach dem Gewicht der Motoren pro Pferdekraft bei den lebenden Wesen, resp. z. B. den Vögeln, die ja so gut fliegen können.

Da wir gefunden haben, daß 1 kg Brustmuskel 8,75 sekmkg oder 0,117 PS. leistet, so folgt, daß pro Pferdekraft ein Motorgewicht von rund 9 kg vorhanden ist. Wollte nun der Mensch mittels eigener Muskelkraft, also ohne Zuhilfenahme von Maschinen, fliegen, so müßte er, wenn er es den Vögeln gleichtun will, ebenfalls relativ zu seinem Gewichte mindestens ebenso große — wie aus den aerodynamischen Formeln für die Sekundenarbeit hervorgeht, aber viel größere — Brustmuskeln besitzen als die Vögel. Diese besitzen nun — nach Harting u. a. — Brustmuskeln von im Durchschnitt ein Sechstel ihres Körpergewichts, während sie beim Menschen ungefähr ein Siebzigstel seines Gewichts betragen! Will aber der Mensch mittels Maschinen fliegen, so müßte der Motor weniger als 9 kg pro Pferdekraft haben; denn zum nackten Motor kommen als tote Last ja noch Nebenbestandteile und Brennstoffvorrat hinzu, während beim fliegenden Tiere alles, nämlich: Motor, Nebenbestandteile und Brennstoff — d. i. Blutgefäße als Reservoir und Blut als Brennstoffvorrat — zum Körper selbst gehören, also wirkliche Nutzlast repräsentieren. Die Nahrungszufuhr aber ist eine dem Gewichte nach eine so minimale und geschieht in so langen Intervallen, daß man mit ihr als Zusatzbelastung kaum zu rechnen braucht.

Nun bedenke man, wie weit man im Jahre 1879 von einem Motorgewicht von 9 kg pro Pferdekraft war, wo praktisch brauchbare und gar genügend leichte Benzinmotoren überhaupt noch nicht existierten und die kompletten Dampfmaschinen noch heute so schwer sind, daß sie selbst bei Torpedobooten nicht unter 25 kg pro Pferdekraft zu haben sind, wobei doch überdies das Kühlwasser dem Meere entnommen wird.

Aus diesem allen entnahm ich damals, gewiß mit gutem Grund, daß zu jener Zeit ein Fliegen für den Menschen eine Unmöglichkeit sei. —

Es war nun ein interessanter Zufall, daß wenige Wochen nach meinen oben erwähnten Vorträgen, und zwar am 30. März 1880, in einer öffentlichen Versammlung in Wien ein freifliegendes Modell eines Drachenfliegers, das von seinem Konstrukteur W. Kreß den Namen „Aëroveloce" erhalten hatte, vorgeführt wurde. Es flog sehr schön, stammte schon aus dem Jahre 1877 und war seit dem im Jahre 1871 ausgeführten fast identischen Modell von Pénaud — das oben besprochen wurde — damals wohl das einzige, das von irgend jemanden demonstriert worden war. Trotz der interessanten Arbeit dieses Modells hatte dessen Demonstration doch, meines Wissens, keine Ermunterung des Konstrukteurs, sei es durch Geldunterstützung oder sonstwie, zur Folge. Daß ein kleines Modell für die Möglichkeit des Fliegens nichts beweise, ist selbstverständlich; daß aber mit den damals vorhandenen Hilfsmitteln und aerodynamisch allgemein anerkannten Gesetzen der Maschinenflug in Wirklichkeit unmöglich sei, stand infolge meiner eingehenden Berechnungen außer Zweifel, obwohl die Propaganda des Konstrukteurs anders lautete. Diese Propaganda geschah aber durchaus nicht bloß auf Grund des Sanguinismus eines Erfinders, sondern es erschien gleichzeitig eine Broschüre: „Aërovéloce“, in der die Möglichkeit, mittels eines solchen Aeroplans zu fliegen, durch einige maschinentechnische Behauptungen und durch aerodynamische Rechnung zu beweisen gesucht wurde. Diese Behauptungen und diese Rechnung waren und sind noch heute, wenn auch unrichtig, doch nicht ohne Interesse und als Illustration zu dem hier behandelten Problem des Sinus jedenfalls sehr belehrend; denn sie zeigen, wie vorsichtig man — bei aller Vorurteilslosigkeit — in der Beurteilung solcher Erfinderprogramme und ganz besonders ihrer Rechnungsmethoden immer und immer wieder sein muß. —

Aërovéloce nimmt an, daß man (also im Jahre 1880) einen Gaskraftmotor von 30 PS. mit einem Gewichte von 600 kg bauen könne, „mit einer Preisausschreibung, darin stimmen kompetente Fachleute überein, wird man gewiß das Nötige erzielen“. Da aber außer dem eigentlichen Gasmotor auch ein (schweres) Reservoir für komprimiertes Gas und ferner eine (ebenfalls schwere) Kühlwassermenge, welche beide für einen beabsichtigten Dauerflug notwendig sind, mitgenommen werden müssen, so fällt die Unmöglichkeit in die Augen, mit 600 kg für 30 PS. auszukommen. In analoger Weise ist der Vorschlag von Aërovéloce zu beurteilen, bei einer kompletten Dampfmaschine von 15 bis 20 PS. mit einem Gewichte von 300 kg auszukommen; Speisewasser für einen Dauerflug, Luftkondensator oder anderenfalls Kühlwasser, wenn nur wenig Speisewasser mitgenommen werden sollte, und Brennstoff sind zusammengenommen so schwer, daß selbst bei einer noch so leichten Bauart des eigentlichen Motors keine Rede von „300 kg“ sein kann. Alle diese maschinentechnischen Voraussetzungen und Wünsche sind noch heute unerfüllbar, um so mehr waren sie es im Jahre 1880; selbst das Kunststück Maxims aus dem Jahre 1903, eine Dampfmaschine von 360 PS. mit 3,6 kg pro PS. herzustellen, reicht für einen halbwegs respektablen Dauerflug nicht aus.

Aber weit mehr Interesse noch als diese maschinentechnischen Annahmen erweckt die aerodynamische Hauptberechnung des künftigen Drachenfliegers. Wie der Leser schon weiß, hängt hier sehr viel, wenn auch nicht alles, davon ab, ob man den Luftwiderstand nach Newton oder nach Vince und Thibault, also ob man mit dem Sinusquadrat oder mit dem einfachen Sinus rechnet. Nach der damals gangbaren Formel hätte Aëroveloce nach Newton rechnen, wenn sie ihm aber nicht zusagte, über die Nichtberechtigung derselben sprechen müssen und dann mit dem einfachen Sinus oder mit wie immer gearteter, aber jedenfalls gerechtfertigter Formel rechnen dürfen.

Die Tatsache ist nun die, daß Aëroveloce wirklich nach der Newton'schen Formel rechnete, aber nur bei der Berechnung des Vortriebs, wo sie die günstigere ist und von der ja die Motorarbeitsgröße abhängt; jedoch gleichzeitig nach der einfachen Sinusformel da, wo es sich um das Tragvermögen, den Auftrieb, handelt, wo wiederum sie die günstigere ist. Infolge dieser in einer und derselben Rechnung — gewiß unabsichtlich — angewendeten, sozusagen doppelten Buchführung kam natürlich ein günstiges Ergebnis heraus, und dieses sowohl als auch die korrigierten Rechnungsresultate seien hier ganz kurz mitgeteilt, denn man bekommt hierdurch den besten Einblick in die praktischen Konsequenzen der beiden Rechnungsarten.

Aëroveloce findet zufolge seiner Rechnung, daß man mit einer Tragfläche von 125 m^2, einem Neigungswinkel von 4°, einer Geschwindigkeit von 25 m pro Sekunde, einem Widerstand der Gondel von 12,25 m^2 Stirnfläche, die unter 9° 20′ gegen die Fahrtrichtung geneigt ist, und einem Motor von netto 430 sekkgm, ein Totalgewicht von 1071 Kilogramm durch die Luft horizontal fortbewegen könne. Wegen Verlusten nimmt er praktisch das Doppelte der Arbeit an und findet so 860 sekkgm oder 11,5 PS. Hierbei fand Aëroveloce den nützlichen (zum Tragen notwendigen) Luftwiderstand gleich 5,23 kg und den schädlichen der Gondel (ihren Stirnwiderstand) zu 4 kg, der totale Stirnwiderstand also zusammen 9,23 kg, und zwar nach Newton's Formel. Die Tragkraft aber zu 1071 kg fand er zufolge der einfachen Sinusformel.

4*

Da man aber selbstverständlich entweder nur nach der einen oder nach der anderen Formel rechnen muß, so sind die, mathematisch genommen, richtigen Resultate folgende: Zufolge Newton ist der totale Stirnwiderstand (Vortrieb) 9,23 kg, dann ist aber die Tragkraft nur 74,7 kg und die praktische (effektive) Motorarbeit 6 PS. Zufolge der einfachen Sinusformel aber wäre wohl die Tragkraft so groß, wie sie Aërovéloce wünscht und seiner Drachenfliegerkonstruktion zugrunde legt, nämlich 1071 kg, aber der Vortrieb resp. 74,7 + 25 = rund 100 kg statt 9,23 kg, und daher die nötige Arbeit in Wirklichkeit 66,6 PS. statt 11,5 PS.

Wie wir heute wissen, ist die letztere Berechnungsmethode die richtige; aber darum handelt es sich hier nicht, sondern nur um die innere Korrektheit der Berechnung. — —

Trotz der so ungünstigen Resultate meiner flugtechnischen Untersuchungen konnten doch die Zuhörer meiner Vorträge aus meinen Mitteilungen, die sich zurück bis auf Lionardo da Vinci's Studien über das Fliegen erstreckten, ersehen, wie viel Mühe und Geist bereits hier aufgewendet worden waren. Mein Material entnahm ich den relativ zahlreichen Büchern und besonders den Berichten des britischen und des französischen Vereins für Luftschiffahrt. Die Folge war das beinahe unmittelbare Fallenlassen jenes Hohnes und jener Mißachtung jeder noch so ernsten aviatischen Bestrebung, die bis dahin allgemein und besonders unter den Technikern üblich war. Es dauerte nur ganz kurze Zeit, und es wurde sogar, auf Anregung des damals flugtheoretisch sehr tätigen Ingenieurs Lippert, im J. 1880 seitens des Oesterr. Ingen.- u. Archit.-Vereins eine eigene „Fachgruppe für Flugtechnik" gegründet, aus dem bald darauf der „Wiener flugtechnische Verein" hervorging, der heute den Titel „Oesterreichischer flugtechnischer Verein" führt.

Beinahe im Beginn der Tätigkeit der flugtechnischen Fachgruppe geschah es nun, daß das Mitglied, Fr. R. v. Lößl, über seine Luftwiderstandsversuche Bericht erstattete und auch durch Demonstration seines Meßapparats erläuterte. Diese Versuche, welche sich über eine lange Reihe von Jahren erstreckten, waren ein seltenes Muster von Geduld, Scharfsinn und Selbstkritik, und brachten den Erweis, daß das Gesetz des einfachen Sinus für den Luftstoß auf schiefe Flächen, nicht aber das Newton'sche des Sinusquadrats, Geltung habe.

Und hiermit war sofort das eine der beiden Hindernisse des Fliegens: geringe Auftriebsgröße einerseits und schwere Motoren andererseits, aus dem Wege geräumt. Von nun an wurden fast alle Rechnungen im Wiener flugtechnischen Vereine nur mit dem einfachen Sinus durchgeführt. Es ist mir aber beinahe ein Rätsel, wieso man, wenigstens in Oesterreich und Deutschland, erst auf die Lößlschen Versuche hin das einfache Sinusgesetz akzeptierte, wo doch schon seit 1789 Vince's Versuche mit Wasserströmungen und dann vielfache Experimente französischer Physiker und Ingenieure über Luftwiderstand mit analogen Resultaten vorlagen. Vielleicht löst sich das Rätsel dadurch, daß erst die unmittelbare Gegenwart des Lößl'schen Versuchsapparats imstande war, die offiziellen Formeln sofort zu diskreditieren; dies wird auch dadurch bewiesen, daß man — den Pariser l'Aéronaute ausgenommen — außerhalb des Wiener flugtechnischen Vereins Lößls Formel unbeachtet ließ und erst im Jahre 1885 durch eine gediegene Abhandlung Gerlachs im Civil-Ingenieur („Einige Bemerkungen über den Widerstand, den eine ebene Platte und ein Keil von einer gleichmäßig strömenden Flüssigkeit erfährt"), in weiteren Kreisen auf Lößls Sinusformel aufmerksam gemacht — aber noch nicht zum Aufgeben der Newtonschen gebracht wurde; ich machte ja oben schon darauf aufmerksam, daß das Ingenieur-Taschenbuch „Hütte" noch im Jahre 1892 sich nicht für die eine oder andere Formel entscheiden konnte. Nicht lange nach Lößl traten aber andere Experimentatoren auf, wie Dines, Langley, Mannesmann, Frank u. a., und bestätigten ebenfalls in der Hauptsache bei kleineren Flächenneigungen das einfache Sinusgesetz; Lord Rayleigh konstruierte sogar einen kleinen sehr sinnreichen Handapparat, mittels dessen man sofort das Sinusgesetz demonstrieren konnte und den er in dem Aufsatze „The Mechanical Principles of Flight" im Jahre 1900 veröffentlichte. Und seit dieser Zeit ist die Newtonsche Formel fast überall fallen gelassen worden.

Es ist allerdings keine genaue Uebereinstimmung zwischen allen diesen Versuchen vorhanden; so z. B. stimmen zwar Langleys Resultate aus dem Jahre 1891 sehr gut mit der Formel von Duchemin aus dem Jahre 1828, Rayleighs theoretische Formel aus dem Jahre 1876 mit Vincens Ergebnissen aus dem Jahre 1798, Louvriés Versuche und Formel mit Huttons und Dines Versuchen überein, und die gegenseitigen Unterschiede sind nicht unbedeutend, jedoch beiweitem nicht so groß, wie jener zwischen Newtons und z. B. Lößls Formel. Denn bei einer Böschung von etwa $^1/_8$, d. i. bei einem Angriffswinkel von 7° 10′ verhält sich der Auftrieb nach Duchemins zu jenem nach Lößls Formel wie 2:1, während der Auftrieb nach Lößl achtmal größer ist als nach Newton, und bei einem Winkel von 4° sogar 14 mal größer. Ueberdies weiß man jetzt wenigstens im großen und ganzen, wie jene Unterschiede mit der Anordnung der Versuche und mit dem Format der Versuchsflächen zusammenhängen — worüber die im Jahre 1909 erschienene Abhandlung „Die Gesetze des Luftwiderstandes" von Ingen. Dr. Knoller eine gute Uebersicht gibt — und die praktische Flugtechnik selbst braucht sich um diese Differenzen nicht allzu sehr zu kümmern. —

War aber schon durch Lößls, Langleys u. a. Versuche die Aussicht auf die Lösung des Flugproblems ganz bedeutend günstiger geworden, so geschah in dieser Richtung noch ein weiterer Schritt, als im Jahre 1885 Philipps und im Jahre 1889 Lilienthal mit den Resultaten von Versuchen an gewölbten Flächen hervortraten: Sie fanden den Auftrieb unter sonst gleichen Umständen an gewölbten Flächen bedeutend größer als an ebenen. Heute werden fast alle Drachenflächen (schwach) gewölbt ausgeführt, und die Tragkraft solcher Flächen bei kleinen Angriffswinkeln im Mittel ungefähr doppelt so groß als bei ebenen Flächen angenommen. Genauere Messungen stammen erst aus jüngster Zeit; dieselben wurden von Eiffel, Prandtl und Föppl (in der Göttinger Modellversuchsanstalt) und von Dr. Riabouchinsky durchgeführt; des letzteren Versuchsresultate sind im Jahre 1909 im „Bulletin de l'Institut Aérodynamique de Koutchino" (bei Moskau) im Fascicule II eingehend mitgeteilt worden.

Um eine ungefähre Vorstellung über die hier obwaltenden Verhältnisse zwischen Auftrieb und Vortrieb (ohne einen schädlichen Apparatwiderstand) zu gewinnen, seien folgende Versuchsergebnisse von Riabouchinsky mitgeteilt: Bei einem Angriffswinkel der Luftströmung (gegen die Sehne der gewölbten Fläche) von 5° war das Verhältnis zwischen dem Druck parallel und dem Druck senkrecht auf die Stromrichtung, also zwischen dem aerodynamischen Widerstand und dem Auftrieb, d. i. das „Traktionsverhältnis", bei einer ebenen Fläche $= \frac{1}{9}$, aber bei einer Fläche von $^1/_{30}$ Krümmung, d. i. dem Verhältnis von Pfeilhöhe (oder Vertiefung) zur Sehnenlänge, nur $\frac{1}{15,7}$, bei $^1/_{12}$ Krümmung $\frac{1}{8,28}$; hingegen bei $\alpha = 7^0$ waren die entsprechenden Zahlen

$$\ldots \frac{1}{8,96};\ \frac{1}{12,9};\ \frac{1}{8,67}.$$

Dies bezog sich auf den Traktionskoeffizienten, und läßt schon, wenigstens für gewisse Größen der Konkavität, Günstiges bei Anwendung gewölbter Flächen erwarten. Um hier nichts Wichtigeres zu übersehen, sei aber auch mitgeteilt, daß — wie ich der „HP. Fachzeitung für Automobilismus und Flugtechnik" vom 13. März 1910 und dem „Motorwagen" vom 20. März d. J. entnehme — Hiram S. Maxim jetzt (seit September 1908) einen neuen Drachenflieger baute, dessen Tragfläche eine verschwindend kleine Krümmung besitzt, weil nach seinen früheren Erfahrungen solche nahezu ebene Flächen am besten sein sollen. Er meint, daß sie zwar nicht so viel Kilogramm pro m², aber dafür mehr Kilogramm pro Pferdekraft haben; eine Ansicht, die meines Erinnerns früher schon Fr. v. Lößl auf Grund seiner spez. Versuche mit gewölbten Flächen ungefähr in derselben Weise (zu mir) ausgesprochen hatte. Pénaud wiederum hat in seinen Aufsätzen schon früher als Philipps ausdrücklich auf den Vorteil gewölbter („konkaver") Flächen hingewiesen, indem er von den günstigen Erfahrungen mit konkaven Schiffsschrauben ausging; direkte messende Versuche mit konkaven Aeroplanen hat er jedoch nicht gemacht. — —

Dieses Benützen marinetechnischer Erfahrungen macht es überhaupt erklärlich, wieso es kam, daß Pénaud unter den Technikern seiner Zeit eine der seltenen Ausnahmen machte, die mit dem einfachen Sinus rechneten. In der Abhandlung über den Gleitflug berechnete er die oben mitgeteilten zwei Theoreme eben mit dem einfachen Sinus (d. h. in der ersten Potenz), und nur durch diese Annahme konnte er die dortigen wichtigen und schönen Resultate finden und überhaupt gegenüber anderen Flugtechnikern einen größeren Mut und mehr Hoffnung auf Lösung des Flugproblems gewinnen.

Pénaud war der Sohn eines Admirals und eigentlich Marinetechniker, und die Ingenieure „zur See", wie ich sie nennen möchte, waren seit jeher Gegner der Newtonschen Formel, während die Ingenieure „zu Land“ keine Veranlassung hatten, ihr entgegenzutreten. Pénaud führt auch seine Gründe an. Er sagt: „Die Kraft des Windes bei sehr kleinen Einfallswinkeln gegen die Segel, der Effekt der Windmühlen, der Stoß der Schiffs-Propellerschrauben und der Ruder bei sehr kleinen Angriffswinkeln der Flüssigkeitsströmungen leisten alle mehr als Newtons Formel aussagt, sie wird daher in der Marine nicht akzeptiert.“ Gleicher Ansicht war der berühmte Marineingenieur W. *Froude*, auf dessen Ansichten, resp. Erfahrungen, sich auch Rayleigh in seiner oben erwähnten, im Jahre 1876 publizierten, rein theoretischen Untersuchung beruft.

Wie fast immer, sind es auch in dieser wichtigen Frage die Problemstellung, die irgendwie angeregten Zweifel, also in erster Linie die *Ideen*, die für anzustellende Versuche die Richtung angeben, und da ohne solche Ideen und ohne das Eintreten für dieselben Versuche gar nicht vorgenommen würden, so sieht man, welch großen Wert bloße Gedanken für die Praxis haben. Aus diesem Gesichtspunkte ist es daher auch ein Gebot der Gerechtigkeit, einer Abhandlung des englischen Kapitäns Th. *Wenham* zu gedenken, die derselbe im Jahre 1866 in dem Jahresbericht der britischen Aëronautical Society unter dem Titel: „On Aérial Locomotion and the laws by which heavy bodies impelled through air are sustained.“ veröffentlichte. Dieser Aufsatz, den auch Pénaud sehr hoch bewertet, empfiehlt, energischer als je zuvor geschah, *die kleinen Angriffswinkel* der Tragflächen und die Bauart der letzteren nach dem Muster des Albatros, nämlich *kurz in Richtung der Fortbewegung und mit großer Spannweite*. Seine Argumentationen sind sehr kräftig und fundieren namentlich auf dem Gedanken, daß unter Voraussetzung großer Geschwindigkeit und sehr flacher Flächenstellung eine sehr *große Masse* von stets *unaufgewühlter* Luft als Stütze gegen das Herabsinken dient. Beim Fliegen am Platz sei es stets *dieselbe* Luftsäule, bei horizontaler Translation aber stets *neue* Luft, auf die sich die Flügel stützen. Diese Vorstellung, die mir, wenigstens zum Teile, richtig zu sein scheint, wirkt bis zum heutigen Tage bei den Flugtechnikern nach; sie ist es, die die Anregung zu Experimenten mit variiertem Format der Flächen bei Luftwiderstandsversuchen, z. B. von Langley, gab und die Folge davon ist, daß jetzt alle Erbauer von Flugmaschinen schmale und weitausladende Tragflächen anwenden, wohl kaum ahnend, woher ihnen diese Konstruktionsart suggeriert wurde.

* * *

Die beiden nebenstehenden Figuren und einige einfache Formeln sollen die in den Abschnitten V und VI besprochenen Hauptpunkte in anschaulicher und präziser Weise erläutern.

In Fig. 1 ist F eine e b e n e Drachenfläche, gegen die die Luft mit einer Geschwindigkeit v unter einem Winkel α anströmt. Zufolge Lößls sogen. „Rahmenexperiment" ist der resultierende Druck stets normal gegen die Fläche gerichtet.

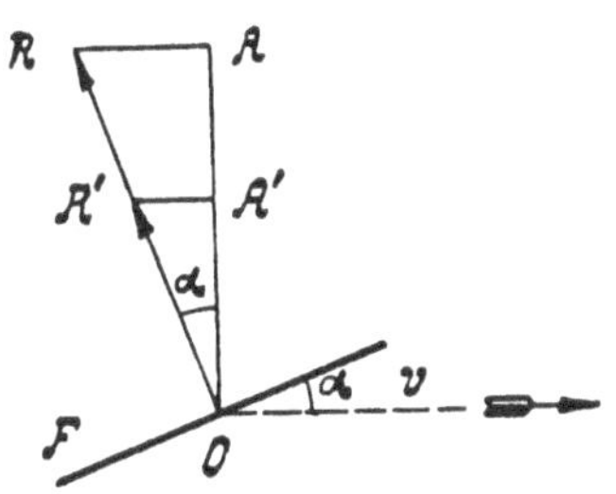

Fig. 1

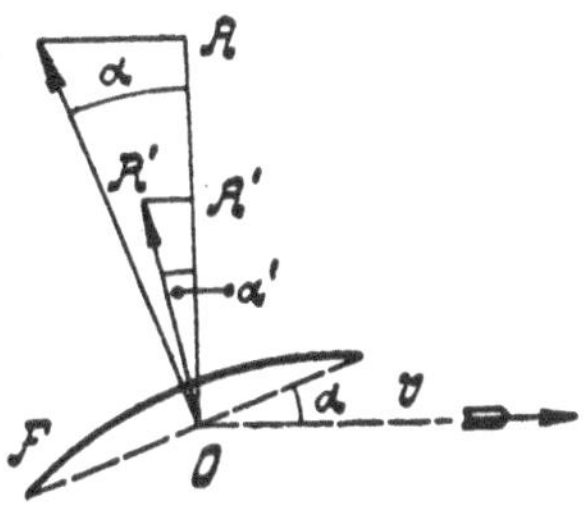

Fig. 2

Was für ein Gesetz des schiefen Luftstoßes nun auch gelten möge, stets wird der (nützliche) Widerstand $W = AR = OAtg\ \alpha$ sein, also das T r a k t i o n s v e r h ä l t n i s

$$t = \frac{AR}{AO}, = \frac{A'R'}{A'O} = tg\ \alpha$$

d. h. t ist s t e t s d a s s e l b e, ob nun das Gesetz des einfachen Sinus oder des Sinusquadrats oder irgendein anderes gilt. Damit die zum Tragen eines bestimmten Gewichts nötige Sekundenarbeit klein ausfällt, muß eben auch die absolute Größe des resultierenden Druckes eine gewisse Größe haben.

Andererseits genügt es, wie Fig. 2 bei einer g e w ö l b t e n Fläche zeigt, durchaus nicht, daß der resultierende Druck OR groß ist, denn es hängt auch von der Richtung desselben ab, welche bekanntlich n i c h t normal auf der Flächensehne steht, wie groß der Widerstand, also auch die nötige Sekundenarbeit, ausfällt. Es könnte ja sein, daß in dieser Beziehung der kleinere Druck OR', resp. der kleinere Auftrieb $A'O$, günstiger wäre, weil das Traktionsverhältnis $\frac{A'R'}{A'O}$ kleiner ist als jenes $\frac{AR}{AO}$. —

In der früheren aeronautischen Literatur betrachtete man als Hauptvorzug tragender oder drückender Flächen, die von Luftströmen bestrichen werden, ihre Fähigkeit, große Lasten oder Drucke zu bewältigen, also: ihren A u f t r i e b.

Das hatte wohl seinen Grund darin, daß man beim Entwurf von Flugmaschinen in erster Linie an die schwierige Aufgabe dachte, den Ballon durch die Auftriebskraft einer passend gestalteten Fläche zu ersetzen.

In neuester Zeit, besonders seitdem man mittelst Maschinenkraft zu fliegen vermag, änderte sich die Auffassung der „Güte" einer Tragfläche immer allgemeiner dahin, daß sie einen möglichst kleinen „T r a k t i o n s k o e f f i z i e n t e n" besitzen solle, wobei unter Traktionskoeffizient das Verhältnis zwischen dem (a e r o d y n a m i s c h e n) Widerstand und dem Auftrieb verstanden wird.

F ü r d i e h i e r m a ß g e b e n d s t e G r ö ß e, nämlich für die für ein zu tragendes Gewicht nötige S e k u n d e n a r b e i t, genügt aber weder die Auftriebsgröße noch das Traktionsverhältnis a l l e i n.

Die hier geltenden mathematischen Beziehungen sind aber folgende:

Gegeben sind das zu tragende Gewicht, die (praktisch zulässige) Drachenfläche F, sie sei eben oder konkav; ferner die (zulässige) Geschwindigkeit v und die Dichte der Luft γ; die Schwerebeschleunigung g natürlich ebenfalls.

Dann ist zufolge experimentellen Feststellungen, wenn R der resultierende Druck, G die Tragkraft und W den (nützlichen) Widerstand bedeutet:

$$R = \frac{\gamma F v^2}{g} \,.\, k; \quad G = \frac{\gamma F v^2}{g} \,.\, k_y\,; \quad W = \frac{\gamma F v^2}{g} \,.\, k_x\,,$$

wobei die k Koeffizienten sind, die durch das Experiment bestimmt werden müssen. Und da die Sekundenarbeit .... $A = W.v$ ist, so folgt, weil

$$W = G \,.\, \frac{k_x}{k_y}$$

und

$$v = \sqrt{\frac{g\,G}{\gamma\,F}} \cdot \sqrt{\frac{1}{k_y}}$$

ist,

$$A = \sqrt{\frac{g\,G^3}{\gamma\,F}} \cdot \sqrt{\frac{k_x{}^2}{k_y{}^3}}.$$

Da aber

$$\frac{k_x}{k_y} = t$$

ist, so wird

$$A = a \cdot \frac{t}{\sqrt{k_y}},$$

wobei a die gegebene Größe

$$\sqrt{\frac{g\,G^3}{\gamma\,F}}$$

bedeutet.

Wir sehen also, daß die Sekundenarbeit von dem Bruch $\frac{t}{\sqrt{k_y}}$ abhängt; und hieraus folgt sofort, daß ein günstiger Traktionskoeffizient von größerem Einflusse auf die Kleinheit von A ist, als ein günstiger, d. i. größerer, resultierender Druck, genauer: als ein größerer Auftrieb; weil der letztere ja nur mit seiner Quadratwurzel, der Traktionskoeffizient aber mit seiner vollen Größe wirkt.

Wenn also z. B. das t auf die Hälfte sinkt und k_y auf das Doppelte steigt, so wird die Arbeit nicht ein Viertel, sondern rund nur ein Drittel von der früheren.

Für die Praxis folgt die Vorschrift, bei der Auswahl der Tragflächen mehr auf günstige Traktionsverhältnisse als auf die Auftriebsgrößen zu sehen. —

Nach allen bisherigen Erfahrungen sind es nicht die ebenen, sondern gewölbte Flächen, die sich sowohl bezüglich des Traktionskoeffizienten als der Auftriebsgrößen als besonders günstig bewähren. Und während nach Lilienthals Versuchen solche Flächen von $^1/_{12}$ Wölbungsgrad — wie das Verhältnis zwischen der Pfeilhöhe und Sehnenlänge des Wölbungsbogens von Eberhardt in seinem Werke „Theorie und Berechnung der Luftschrauben" bezeichnet wird — bei einem Luftstromwinkel von 12—15^0 die geringste Arbeit brauchen, ergaben die neuesten Versuche von Riabouchinsky ein Arbeitsminimum bei $^1/_{30}$ Wölbungsgröße und einem Angriffswinkel der Luft zwischen 4 und 6^0*).

Die Versuche von Riabouchinsky verdienen mehr Vertrauen als jene von Lilienthal, da bei ihnen nicht rotierend, sondern geradlinig an einem längs einer Röhre bewegten Luftstrom gemessen wurde. Nur waren die Flächen und Geschwindigkeiten noch zu klein, um die Ergebnisse unmittelbar, also quantitativ, auf große Drachenflächen und Geschwindigkeiten anwenden zu können.

*) Man sehe meinen Aufsatz: „Ueber das Sinusproblem und das Verhältnis der Flug-Arbeitsgrößen bei ebenen und gewölbten Flächen" in „Flug- und Motortechnik", Nr. 9 u. 10 d. J. 1910.

VII.

Wir wollen nunmehr den Bericht über die Arbeiten Pénauds fortsetzen. Im selben Jahrgang (1873) des l'Aéronaute, in dem die Abhandlung über den Gleitflug erschien, empfiehlt Pénaud, bei Anwendung mehrerer Luftschrauben dieselben nicht hintereinander, sondern nebeneinander anzuordnen, damit sie alle von ruhiger Luft getroffen werden. Er dachte wohl hierbei an die Albatrosflügel, d. h. an die oben angeführte Idee Wenhams, sich nur auf unaufgewühlte, noch ruhige Luft zu stützen. —

Auf S. 42 schlägt Pénaud vor, damit das Kabel der Kaptivballone sehr hoch gehen kann und doch nicht reißt, dasselbe stückweise von kleinen Ballonen tragen zu lassen. —

Auf S. 107 erklärt Pénaud „einen Flugapparat, System Aeroplan", mit elliptischer und etwas aufgebogener Tragfläche und zwei Propellern; die genaue Beschreibung gab er später in seinem im Jahre 1876 eingereichten Patentgesuch, auf das wir noch näher eingehen werden. Er fügt seinem Aufsatz bedauernd bei, daß er noch keinen genug leichten Motor kenne. —

Ebenfalls auf S. 107 schlägt Pénaud einen Apparat vor, um Luftwiderstände zu messen; und auf S. 123 eine Vorrichtung, um im Ballon seine Geschwindigkeit und Richtung zu erkennen. Auf S. 159 befürwortet er, als Schleppseile bei Luftballone konische Kabel mit Knoten und Spitzen, die oben dick und unten dünn sind, um bei gleichem Gewicht die doppelte Länge zu ermöglichen. —

Auf S. 190 desselben Jahrgangs wird ein Differentialbarometer beschrieben, welches das Steigen und Sinken eines Luftballons genau anzeigen soll. Es besteht aus einem Luftgefäß, das in Verbindung mit einer Trommel steht, über welche eine Kautschukmembrane gespannt ist; ein kleines Gummirohr verbindet die Büchsenluft mit der äußeren Luft, vor dem Gebrauch wird dieses Rohr geklemmt. Die Büchse ist aus Holz, dick mit Tischlerleim und darüber von einer Kupferhülle zum Schutz gegen die Sonnenstrahlen bedeckt, sie hat ein Volumen von 3 Liter und enthält 400 g Eisendrehspäne, um die innere Temperatur konstant zu erhalten. Offenbar muß bei einer Aenderung des äußeren Luftdrucks die Büchsenluft sich ausdehnen oder zusammenziehen, und infolgedessen wird durch die Bewegung der Membrane ein Zeiger bewegt. Eine Aenderung der Höhe um 40 cm wird auf diese Weise noch sehr gut erkannt. Meines Wissens wurde vor diesem Pénaudschen Apparat noch kein ähnlich empfindliches Aneroid gebaut. Später konstruierte Hefner-Alteneck und dann Töpler ein Differentialbarometer von mindestens gleicher Empfindlichkeit, bei dem, wie ich glaube, eine Flüssigkeit in einem Kapillarrohr als Zeiger diente, also ein Vorteil gegenüber der Membrane mit Zeigerapparat erreicht wurde. —

Auf S. 202 beschreibt Pénaud eine neue Bremsvorrichtung für Luftballone, um den Anker allmählich nachzulassen, wenn er gebissen hat; hierdurch soll also jeder Stoß vermieden und der Ballon nur allmählich zum Stillstand gebracht werden. Die Idee hierbei besteht in der Anordnung von Backen, die am Kabel reiben und so die Verzögerung bewirken. —

Auf S. 225 wird über Versuche berichtet, Pfeile mittels Kautschukfedern abzuschießen; sie flogen sehr schnell, und ein 1 kg schwerer Pfeil erreichte eine Distanz von nahe an 800 m. Einige Exemplare wurden mit Tragflächen und Steuer versehen, der Kopf war aus Blei; sie sollen nur selten regulär geflogen sein.

* * *

Im l'Aéronaute von 1874 berichtet Pénaud auf S. 17 über eine von einem breiten Ring umgebene Luftschraube, die von Breton und Vallée konstruiert wurde. Der Zweck war der, den Verlust durch Zentrifugalkraft zu vermeiden. Das Resultat war ein schlechtes. —

Auf S. 21 wird vorgeschlagen, die Ballonhülle zu versilbern, um den schädlichen Einfluß der Sonnenstrahlen zu vermindern. Auf S. 22 rät Pénaud an, Warmluftballone mit Flockseide zu polstern. —

Auf S. 26 spricht Pénaud über die Art und Weise, wie die Brieftauben sich zurecht finden. Er meint, sie richten sich nach dem Gesicht; sie heben sich anfangs hoch und reisen im Nebel überhaupt nicht. Zugleich macht er den ebenso geistreichen wie erheiternden Vorschlag, man solle den Brieftauben Brillen aufsetzen, durch die sie sehr kurzsichtig gemacht würden, und nun sehen, ob sie trotzdem ihren Weg finden. Zur Frage, ob der Geruchssinn irgendwie mitwirkt, schlug der Astronom Janssen vor, den Brieftauben den Riechnerven wegzuschneiden, man werde dann sehen, ob er unentbehrlich sei.

Seit diesem Vorschlag Pénauds wurde viel über die Art der Orientierung der Brieftauben gearbeitet. Die jetzt wohl allgemein angenommene und experimentell einigermaßen begründete Ansicht stimmt vollständig mit Pénaud überein: die Orientierung der Tauben beruht auf dem Gesichtssinn und auf dem Ortsgedächtnis. Beweis dessen ist die Orientierung bei Regen oder Nebel erschwert, in finsterer Nacht unmöglich; eine geblendete Taube verirrt sich. (Siehe „Die Geschwindigkeit der Brieftauben“ von H. E. Ziegler aus dem Jahre 1897.) Wenn man aber bedenkt, daß die Brieftauben mittelst der Eisenbahn in geschlossenen Körben expediert werden, so scheint hier doch manches unaufgeklärt zu sein, und manche Beobachter glauben daher, daß bei der Orientierung noch besondere Kräfte, d. h. natürliche Anlagen der Tiere, eine Rolle spielen. Die neueste Arbeit in dieser Richtung stammt von H. Bens und ist in Nr. 31 der „Umschau“ d. J. 1910 enthalten. —

Auf S. 89 spricht Pénaud über eine Methode zur Bestimmung der Geschwindigkeit und Richtung der Wolkenbewegung. Auf S. 92 schlägt er vor, den Vogelflug mittelst Momentphotographie zu beobachten und das Prinzip des Zootropen (heute sogenannten Kinematographen) zu benutzen. Bekanntlich hat der Physiologe Marey später diese Beobachtungsmethode zur höchsten Vollkommenheit gebracht. —

Auf S. 129 bringt Pénaud seine Theorie des Vogelflugs vor, die seither viele Zustimmung, unter anderen auch die von Marey und Charles Rénard gefunden hat. Nach dieser Theorie (und gewiß auch Beobachtung) besteht der Flügel aus zwei verschieden funktionierenden Partien; die innere, am Rumpf anliegende, repräsentiert eine Drachenfläche, ist also passiv, die äußere mit den elastischen Schwungfedern dient als Propeller, ist also der eigentlich aktive Teil des Vogelflügels. Wie Pénaud hinzufügt, hatte der Engländer Cayley schon im Jahre 1810 diese Ansicht ausgesprochen, auch das Pénaud-Steuer soll schon Cayley vorgeschlagen haben, jenem sei dies aber unbekannt geblieben. —

Auf S. 188 bespricht Pénaud ein Memoire „Theorie des Segelflugs“, in dem namentlich die Theorie der sehr kleinen Vibrationen der Vogelflügel behandelt wird. Solche sehr kleine Vibrationen wurden nämlich von einigen Flugforschern behufs Erklärung des segelnden Fluges, bei dem man doch keine eigentlichen Flügelbewegungen wahrnimmt, angenommen. Pénaud hält diese Annahme, resp. einen solchen Modus der Flügelbewegung für antimechanisch, und während Audubon u. a. schon deren Kleinheit erkannten, hat Pénaud selbst mit Hilfe des Fernrohres solche Vibrationen überhaupt nie gesehen; das oft hervorgehobene „Pfeifen" bei dieser Art von Flug sei, meint er, ein ganz passiver Vorgang und rühre von der Kielluft her. Ueber dieses Problem und die einschlägigen Versuche von S. Exner habe ich schon oben eingehend gesprochen. —

Auf S. 191 rühmt Pénaud die Verdienste von Cayley um die Flugtechnik und die technischen Fortschritte überhaupt; dessen Aufsätze wurden im Jahre 1796 in Nicholsons Journal publiziert, die in Frankreich unbekannt blieben. Cayley besaß, sagt Pénaud, schon die richtige Theorie des Flügels, sah den Vorteil des schiefen Angriffswinkels, zeigte großes Interesse an methodischen Untersuchungen über den Luftwiderstand, kannte (vor Hensons Vorschlag aus dem Jahre 1844) den Aeroplan mit Schrauben und das Gesetz seines Gleichgewichts in der Luft. Er stellte die Frage der Motoren klar auf und besprach die Mittel ihrer Lösung; befürwortete die Spindelform der Luftballone mit Propellerschrauben, die Anwendung großen Volumens und der Steifheit der Form der Aerostaten; schlug vor, deren Steigen oder Sinken ohne Ballast- und Gasverlust mittels Luftballonet und Ventilator zu bewerkstelligen. Ferner erfand Cayley den Röhrenkessel, den Oberflächenkondensator und den Gasexplosionsmotor. Er wurde, bemerkt Pénaud bedauernd, von niemanden unterstützt. —

Auf S. 300 beginnt eine Abhandlung Pénauds „Ueber leichte Motoren". Hervorzuheben aus derselben ist sein Vorschlag einer Kesselkonstruktion für Pulvermaschinen oder für feste oder flüssige Stoffe, die explodieren oder verbrennen, wie z. B. Nitroglyzerin. —

Auf S. 329 kommt Pénaud auf seinen Vorschlag zurück, Luftballone, eventuell das Ballonhemd, zu metallisieren, wobei der untere Teil der Hülle unmetallisiert bleiben kann. Das glatte Hemd hat überdies den Vorteil, daß das Regenwasser leichter als von den Maschen eines Netzes abläuft. Die Garnitur der Ventile soll, nach Pénaud, nicht aus Kautschuk, sondern aus Kork sein, um nicht so sehr dem Einflusse der Wärmevorgänge zu unterliegen.

* * *

Der l'Aéronaute des Jahres 1875 beginnt auf S. 48 einen Artikel Pénauds mit der Ueberschrift: „Ueber die mechanische Fortbewegung in der Luft". Hier wird zuerst über die großen Vorteile sehr großer Ballone gesprochen; „man kann ihm auch hunderttausend Kubikmeter in Spindelform geben", die Geschwindigkeit wird 12 bis 15 m pro Sekunde betragen. Wie man sieht, haben die Luftballone heute schon viel mehr erreicht, nämlich dieselbe Geschwindigkeit, aber mit viel geringerem Volumen. Nach einigen Betrachtungen über Aeroplane und Helicoptères (Schraubenflieger) geht Pénaud näher auf die Konstruktion der Schwingenflieger und auf jene seines — so viel bewunderten — mechanischen Vogels ein.

„Ein mechanischer Vogel", sagt Pénaud, „ist am schwersten zu konstruieren", und das leuchtet jedem sofort ein, der seine Zeichnung — z. B. in Chanutes Progreß (S. 28) und noch viel deutlicher in Nr. 499 des l'Aéronaute vom Jahre 1909 — und die dazu gehörige Erläuterung studiert. Einen solchen Schwingenflieger brachte er schon im Jahre 1871 zustande, gleichzeitig brachte Hureau de Villeneuve einen solchen heraus, beide benutzten als Motor gedrehte Gummifäden. Der prinzipielle Unterschied beider Konstruktionen bestand darin, daß Pénaud ihr die sogenannte klassische Flugtheorie von Borelli (und Cayley), jedoch in sehr modifizierter Form, Hureau de Villeneuve jedoch die Theorie des schottischen Physiologen Pettigrew zugrunde legte; demzufolge sind die Drehungsachsen bei dem ersteren zueinander parallel, bei dem letzteren gegeneinander geneigt, angebracht.

Wie schon erwähnt, spielt bei Pénauds mechanischem Vogel die innere Partie der Flügel die passive Rolle einer Drachenfläche. Auf S. 62 steht die Beschreibung des Fluges dieses mechanischen Vogels; er konnte sich wohl nicht sofort heben, aber im schnellen horizontalen Flug steigen. Als Flugmaschinen, meint Pénaud, werden Aeroplans am ökonomischsten sein und auch die größte Geschwindigkeit besitzen. Bekanntlich glaubt man das auch noch heute, ohne daß jedoch diese beiden Vorteile genügen, um den Drachenfliegern vor dem Schraubenflieger den Vorzug zu geben; im Gegenteile glauben ziemlich viele Flugtechniker, — auch der Verfasser dieses Essay —, daß man aus mehreren Gründen, namentlich wegen der Schwierigkeit der Stabilität, das System der Drachenflieger werde verlassen müssen. —

Wie Kommandant Paul Renard im l'Aëronaute mitteilte, war sein Bruder Charles voll Bewunderung für diese Konstruktion, die auf der oben angeführten Theorie des

Vogelflugs von Pénaud basierte. Um die richtigen Aenderungen in der Neigung der Flügelenden zu bewerkstelligen, berichtet Renard, verband Pénaud jeden Flügelrand mittelst eines kleinen Gummifadens an einer fixen Partie des Rahmens. In diesem Detail lag das eigentlich Geniale der Konstruktion. Ohne diese beiden kleinen Gummifäden schlug der Vogel mit den Flügeln ganz resultatlos und konnte sich nicht in der Luft erhalten, noch weniger steigen. Wurden aber diese beiden Gummifedern angebracht, so flog der Vogel nach vorwärts und hielt sich schön im Gleichgewicht.

Auf S. 64 macht Pénaud Angaben darüber, wie er sich die künftigen Aeroplane vorstellt. Sie werden, je nachdem sie Gas- oder Dampfmotoren benutzen, 400 bis 5000 kg Gewicht haben, 1 m² Fläche für 20 bis 40 kg Gewicht und pro Pferdestärke 25 bis 40 kg wiegen. Der Motor 7 bis 10 kg pro Pferdestärke, aber „solche Motoren existieren noch nicht"; Pénaud glaubt, „daß es Gasmotoren sein werden, die jetzt noch in der Kindheit liegen". —

Auf S. 100 des Jahrgangs 1875 erzählt Pénaud von seinen Versuchen mit Goldschlägerhaut. Er fand eine erstaunliche Festigkeit, und zwar mehr als 2 kg pro Zentimeter, dabei nur ein Gewicht von 12 bis 18 g pro m². Bekanntlich wird Goldschlägerhaut noch heute, aber sehr selten, für Luftballonhüllen verwendet, es ist für allgemeinen Gebrauch viel zu teuer. Auf S. 103 spricht Pénaud über leichte Dampfkessel- und Zentrifugalpumpen für die Wasserzirkulation. Auf S. 208 beschreibt er zwei Apparate zur Messung des Luftwiderstandes dünner Flächen bei geradliniger Fortbewegung. Die Apparate stehen auf Lowries vor der Lokomotive und gestatten die separate Messung der Hubkraft und des Translationswiderstandes; Windstille ist hierbei Voraussetzung.

Auf S. 212 berichtet Pénaud, er und sein Bruder (ein Marineingenieur) hätten einen Drachen ohne Schweit erfunden, mit dem sie im Jahre 1871 experimentierten; das Gleichgewicht wurde hierbei genau so durch eine Schwanzfläche erreicht wie beim Pénaudschen Aeroplan. Bekanntlich sind schweiflose Drachen jetzt in allgemeiner Anwendung. Auf S. 248 spricht Pénaud über theoretische und experimentelle Studien über den Bumerang und flache Scheiben, die er im Jahre 1874 durchführte; er konnte den richtigen Flug dieser Waffe genau so gut erreichen, wie die Eingeborenen Australiens.

VIII.

Im Märzheft des l'Aéronaute vom Jahre 1876 (auf S. 85) bespricht Pénaud die Verwendung von Schlittschuhen (Kufen) auf Rollen für das aus dem Jahre 1873 stammende Projekt eines großen Aeroplans, der mehrere Reisende aufnehmen sollte. —

Im Dezemberheft publizierte Pénaud auf S. 322 einen bedeutenden Aufsatz „Ueber die Kraft der fliegenden Tiere". Zuerst wird mitgeteilt, daß er auf Grund des namentlich auf Thibaults Versuche gestützten einfachen Sinusformel und zufolge seiner zahlreichen Beobachtungen die Arbeit der Vögel während des normalen, „vollen" Fluges berechnete. Er fand, daß diese Arbeit einer Erhebung des Vogelgewichts je nach der Flügelbeschaffenheit und Größe auf 0,50 bis 2,50 m pro Sekunde entspreche; für die großen Spezies im allgemeinen auf mehr als 1 m pro Sekunde. Sodann gibt Pénaud eine Berechnung der Maximalarbeit, die die Vögel leisten, wenn sie rasch vertikal in die Höhe fliegen; bei der Holztaube soll hiernach diese Arbeit einer Erhebung ihres Gewichts auf 8 m pro Sekunde entsprechen, und da das Körpergewicht des betreffenden Exemplars 0,48 kg betrug, so entspricht dieser Vorgang einem Gewicht von 9,4 kg pro Pferdestärke.

Diesen Daten seien folgende Bemerkungen hinzugefügt: für den gewöhnlichen Flug fand Pénaud eine Sekundenarbeit, die einer Erhebung des Vogelgewichts auf 0,5 bis 2,5 m pro Sekunde entspricht, nehmen wir für die Brieftaube von 0,4 kg Gewicht eine Mittelzahl, z. B. 1,5 m Erhebung, so wären das 0,6 sekmkg, während wir nach unserer physiologischen Methode die Sekundenarbeit zwischen 0,77 und 1 sekmkg fanden, was eine für derartige Berechnungen genügende Uebereinstimmung bedeutet. —

Was aber die Zahl Pénauds von rund 9 kg Gewicht pro Pferdestärke betrifft, so stimmt sie mit meiner oben aus den Muskelleistungen berechneten Zahl zwar vollkommen überein, hat aber einen anderen Sinn. Bei Pénaud wird nämlich unter dem „Gewicht" jenes des ganzen Vogelkörpers und unter der Arbeit die Maximalarbeit verstanden; bei mir jedoch das Gewicht des bloßen Motors (des Muskels) und unter der Sekundenarbeit die normale, also nicht-forcierte Arbeit. Pénaud betrachtete also den ganzen Vogel als Maschine, während dieser doch nicht nur die Maschine, sondern auch das ganze Gerüst, die Flügel und den Blutvorrat in sich begreift. Für die Vergleichung mit Flugmaschinen scheint mir — wenn ich anders Pénaud recht verstanden habe — diese seine Auffassung eine nicht adäquate zu sein.

Dennoch ist, bis zu einem gewissen Grade wenigstens, eine Uebereinstimmung der Zahlen nach beiden Auffassungen vorhanden; denn da die Muskeln beim Vogel ungefähr ein Viertel bis ein Sechstel des ganzen Körpergewichts ausmachen, so folgt aus der Pénaudschen Zahl von 9 kg (pro Pferdestärke) Körpergewicht, daß, auf Muskel-, also auch im allgemeinen auf das Motorgewicht bezogen, pro Pferdestärke $^9/_4$ bis $^9/_6$ kg, d. h. nur 2,25 bis 1,5 kg zulässig wären; da jedoch anderseits dies speziell auf die forcierte und nicht auf die normale Flugarbeit sich bezieht, so kann das Gewicht wiederum größer sein als 2,25 bis 1,5 kg. Die Frage ist nur noch die, in welchem Verhältnis stehen diese beiden Arbeiten untereinander?

Pénauds Daten leiden in dieser Beziehung an einer gewissen Unbestimmtheit, indem die Größe des Hubes des Vogelkörpers beim normalen Flug zwar zahlenmäßig (0,5—2,5 m pro Sekunde), aber dabei nicht angegeben wurde, ob diese Zahlen schon mit Rücksicht auf die Nachgiebigkeit der Luft bestimmt wurden, während für die Maximalarbeit z. B. bei der Holztaube die dortigen 8 m in dieser Weise zu verstehen sind.

Wenn wir aber z. B. annehmen wollten, daß die Maximalarbeit ungefähr vier bis sechsmal größer als die normale ist, so ergibt sich sofort wieder die Zahl von 9 kg pro Pferdestärke, also eine vollkommene Uebereinstimmung. Macht man diese Annahme nicht, so besteht keine Uebereinstimmung zwischen meiner und Pénauds Rechnungsart; aber eine bedeutendere Differenz wird kaum vorhanden sein, da jenes Verhältnis beider Arten von Flugarbeit sich, wie auch andere Autoren annehmen, von dem eben angegebenen der Muskelgewichte zum Körpergewicht kaum sehr unterscheiden wird. Chanute z. B., der in seinem „Progreß“ ... die Pénaudschen Berechnungen über die Flugarbeit der Vögel für die besten von allen hält, nimmt die Arbeit der Haustaube beim normalen Fluge gleich $^1/_4$ der Maximumarbeit beim Steigen an. Aus dem Text der Pénaudschen Abhandlung scheint mir übrigens hervorzugehen, daß jene Zahlen: „0,5 bis 2,5 m pro Sekunde“ sich auf die wahre Hebungsarbeit

5*

beziehen, d. h. ohne den Verlust durch die Nachgiebigkeit der Luft zu involvieren. Dann hätten wir für die Holz- oder Haustaube für normalen Flug als Mittelzahl 1,5 oder nach Pénaud 1,2 m, beim forcierten aber 8 m pro Sekunde, deren Verhältnis also $\frac{1,2}{8} = 0,15$; das Muskelgewicht ist aber $\frac{0,07}{0,33} = 0,21$ vom Körpergewicht. Hiernach würden die 9 kg Körpergewicht pro Pferdestärke bei forciertem Steigflug sich für den normalen horizontalen Flug wegen der kleineren Leistung sich auf $\frac{9}{0,15} = 60$ kg erhöhen lassen; müssen aber anderseits wegen des Verhältnisses des Muskel- zum Körpergewicht reduziert werden, und zwar auf $60 \times \frac{0,07}{0,33} = 13$ kg pro Pferdestärke für das Motorgewicht bei normalem Flug. Und mit dieser Zahl von 13 kg ist hier eine genügende Annäherung an jene 9,4 kg von Pénaud erreicht. —

* * *

Bei allen bisherigen Rechnungen über Muskelarbeiten und Motorgewichte, die wir behufs Vergleichung des Vogelflugs mit dem Flug des Menschen durchgeführt hatten, legten wir immer nur die disponible Sekundenarbeit zugrunde, die vom Vogel zum Fliegen aufgewendet wird; die anderen, auf die Möglichkeit zu fliegen einflußreichen Faktoren ließen wir bisher unbeachtet.

Nun aber, wo wir zu einer bestimmten Ziffer, nämlich 9—13 kg pro PS, für das Motorgewicht gelangt sind, müssen wir, bevor wir sie als eine endgültige ansehen dürfen, auf jene Faktoren unbedingt Rücksicht nehmen.

Wir sagten oben gelegentlich der Berechnungen der Muskelleistungen von Vögeln und Menschen: „Wollte nun der Mensch mittelst eigener Muskelkraft, also ohne Zuhilfenahme von Maschinen, fliegen, so müßte er, wenn er es den Vögeln gleichtun will, ebenfalls relativ zu seinem Gewichte mindestens ebenso große — wie aus den aerodynamischen Formeln für die Sekundenarbeit hervorgeht, aber viel größere — Brustmuskeln besitzen als die Vögel . . . Will aber der Mensch mittels Maschinen fliegen, so müßte der Motor weniger als 9 kg pro Pferdekraft haben, denn zum nackten Motor kommen als tote Last ja noch Nebenbestandteile und Brennstoffvorrat hinzu usw.“

Schon aus diesen allgemeinen Bemerkungen sieht man, daß, unter sonst mit dem Regime beim Vogelfluge gleichen

Verhältnissen unser Maschinenflug leichtere Motoren als solche von 9 kg pro PS. verlangen dürfte. Der obige Satz: „Wenn er es dem Vogel gleich tun will" gibt nun in bloßen Worten, und für eine vorläufige nicht-mathematische Behandlung des Flugproblems ganz genügend, einen Wink, daß die ganze Sache mit der bloßen Berücksichtigung der spezifischen Leichtigkeit (d. h. dem Gewicht pro PS.) des Motors noch nicht erledigt sei, wenn man vom Vogelflug Schlüsse auf den Menschenflug ziehen will. Denn die absolute Größe des Motors spielt doch, seines Gewichtes und des Brennstoffkonsums wegen, ebenfalls eine große Rolle, und diese absolute Größe hängt eben von mannigfachen Umständen ab, die wir bisher noch nicht berücksichtigten.

Da ist es vor allem das Treibwerk. Also beim Vogel die Konstruktion und die Funktionsweise der Flügel, beim Menschen die Konstruktion und Funktionsweise der Drachenfläche nebst Propellerschraube beim Drachenflieger, oder die der Schrauben beim Schraubenflieger. Offenbar nutzt es wenig, wenn der Motor spezifisch leicht, aber das Triebwerk mangelhaft ist, sei es in Beziehung auf das Gewicht oder den Nutzeffekt seiner Funktion; denn in solchem Falle müßte die Motorstärke groß werden. Dann aber schädigen sich diese beiden Faktoren: Motor und Treibwerk gegenseitig betreffs der Möglichkeit des Fliegens. —

Um nun eine genauere Einsicht in den Sachverhalt zu gewinnen, wollen wir eine höchst einfache mathematische Behandlung desselben vornehmen.

Wir fanden oben, auf S. 59, die zum Fliegen mit einem Aeroplan notwendige Sekundenarbeit

$$\ldots A = \sqrt{\frac{g\,G^3}{\gamma\,F}} \cdot \frac{t}{\sqrt{k_y}},$$

wo die Buchstaben die dort angegebene Bedeutung haben. Diese Arbeit A bezieht sich, wie die ganze Ableitung zeigt, nur auf den sogenannten nützlichen, aerodynamischen, d. h. zum Tragen unbedingt notwendigen Widerstand. Da wir aber dem Flugkörper viele Bestandteile außer der eigentlichen, bisher als mathematisch dünn gedachten Drachenfläche geben müssen, wie: das Gerüste, Versteifungen, die Menschenleiber selbst usw., so kommt noch eine weitere Sekundenarbeit hinzu, nämlich jene infolge des Widerstandes dieser Bestandteile gegen die andrängende Luft während der Translation.

Nennen wir diese Arbeitsgröße B, so ist

$$B = \xi\, f v^3 \ldots$$

wo f die Summe aller erwähnten sich quer der Luft darbietenden Flächen des Flugapparats, ξ den sogenannten Reduktionskoeffizienten, d. h. die erlaubte Berechnung der Verkleinerung ihres Widerstandes infolge ihrer Zuschärfung, und v die Fahrtgeschwindigkeit bedeutet.

Setzt man den auf S. 58 gefundenen Wert für v in B ein, so ergibt sich

$$B = \xi \frac{G \sqrt{G}}{\sqrt{F}} \cdot \frac{f}{F} \cdot \left(\frac{g}{\gamma\ ky}\right)^{3/2} \ldots .$$

und daher die Totalarbeit des Motors $C = A + B$. Und anders geschrieben, ist dann

$$C = G \sqrt{\frac{G}{F}} \left[t \left(\frac{g}{\gamma\ ky}\right)^{1/2} + \xi \frac{f}{F} \left(\frac{g}{\gamma\ ky}\right)^{3/2} \right] \quad . \ . \ (1$$

Die Größe $\frac{G}{F}$ bedeutet die spezifische Flächenbelastung, eine Größe, die für die Konstruktion und zugleich für die Motorstärke v)n Wichtigkeit ist; nennen wir sie . . . s. Der Einfluß von s wird wohl dadurch gemindert, daß es unter dem Wurzelzeichen steht, aber dennoch ist die Flächenbelastung eine der maßgebendsten charakteristischen Größen jedes natürlichen wie künstlichen Flugapparates.

Die Größe in der Klammer ist eventuell einflußreicher bezüglich der Sekundenarbeit C des Motors, als s; wir bezeichnen sie kurz mit β. Und da β die Zweckmäßigkeit der Flugfunktion des ganzen Apparates präzisiert, so wollen wir β den „Flugfaktor" für die Motorstärke nennen.

Auf diese Weise haben wir also $C = G \cdot \beta \cdot \sqrt{s}$ . . (2

In dieser Formel ist allerdings der Einfluß des Formats der Tragflächen F noch nicht berücksichtigt und ein solcher Einfluß des Verhältnisses der Spannweite L zur Länge l (d. h. nach der Flugrichtung gemessenen Dimension) des Flügels ist durch Experimente, z. B. Langleys, unzweifelhaft festgestellt. Dieser Einfluß ist bekanntlich nur bei kleinen Neigungen der Flächen ein günstiger; und in solchen Fällen ist auch der Normaldruck nahezu identisch mit dem Auftrieb. Nun fehlt uns aber noch eine einfache mathematische Formulierung dieser Tatsache.

Eine Formel von v. Lößl ist, wie ich in der Abhandlung „Ueber Sinkverminderung" (in der Zeitsch. d. Oesterr. Ingen.- u. Archit.-Vereins 1899, Nr. 4 u. 5) zeigte, unbedingt unbrauchbar, da sie physikalisch unrichtig fundiert und inhomogen ist, welche letztere Eigenschaft sie von jeder Benutzbarkeit ausschließt.

Eine Formel, die Soreau aufstellte, besitzt diese Fehler nicht und stimmt sehr gut mit den Beobachtungen Langleys, ist aber so kompliziert, daß sie für eine Einfügung in die Formel (2 sehr wenig geeignet erscheint.

Glücklicherweise trifft es sich aber für unsere ganze hier durchzuführende Untersuchung so, daß **durch Nichtberücksichtigung des Formats kein praktisch merkbarer Fehler entsteht.**

Es ist nämlich $\frac{L}{l}$ bei Wright z. B., der für uns so ziemlich der wichtigste Vergleichsfall ist, $= 6{,}2$; bei Farman $= 5$; bei S. Dumont $= 2{,}2$.

Beim Storch ist, zufolge der Zeichnung seines Flügels bei Legal und Reichel, $\frac{L}{l} = 4{,}8$, demnach sehr nahe identisch mit dem Verhältnis bei Wright und Farman. Da jedes größeres Verhältnis von $\frac{L}{l}$ als 6 so ziemlich ohne eine weitere günstige Beeinflussung auf den Nutzeffekt des aerodynamischen Prozesses ist, so erreicht dieser eben bei 6 sein (konstantes) Maximum und daher sind auch die an 6 naheliegenden Werte, also z. B. 4,8 beim Storch, schon nahe an jenem Maximum, d. h. wir können beide Flügelformate als aerodynamisch gleich gut annehmen und brauchen daher auf das Format von F in der Formel (2 gar keine Rücksicht zu nehmen.

Das ungünstige Format bei S. Dumonts „Demoiselle" von $\frac{L}{l} = 2{,}2$, welches auch wahrscheinlich seine schlechte aerodynamische Funktion mit verschuldet, hat zur Folge, daß der Auftrieb, gemäß Soreaus Formel (nach der Berechnung von Eiffel in seinem Buche: La resistance de l'air), bei einem Neigungswinkel der Fläche gegen den Luftstrom von ungefähr 6^0 sich zum Auftrieb bei $\frac{L}{l} = 5{,}7$ also auch nahezu 6, verhält, wie 0,288 zu 0,318. Ein auf die späteren Hauptresultate größerer Einfluß ist also auch hier nicht vorhanden, könnte aber, wenn man die Sache besonders genau nimmt, leicht berücksichtigt werden. Wir bleiben also bei der Formel (2. — —

Auf Grundlage dieser Formel gehen wir nun an die Vergleichung einer künstlichen Flugmaschine mit dem Vogel, und speziell mit dem Storch als Repräsentanten eines sehr guten Fliegers.

Da der Storch, wie gesagt, offenbar ein vorzüglicher Flieger ist, so können wir für sicher annehmen, daß er im ganzen wie auch in seinen einzelnen Bestandteilen uns als ein nachahmenswertes Muster dienen kann, das wir erreichen oder nicht erreichen, vielleicht auch übertreffen können. Und um das zu beurteilen, müssen wir eben die Formel (1 oder (2 analysieren. — —

Betrachten wir zuerst G, das Totalgewicht eines Flugapparats.

Dasselbe besteht vor allem aus der Nutzlast P, deren Transport durch die Luft ja unser ganzer Zweck ist. Ferner aus dem Gewicht des Motors M. Aus dem Gewichte J des Flugwerks, d. i. aller der zum Tragen und Treiben nötigen Bestandteile, also der Drachen- und der Schraubenflächen nebst ihrer Befestigung am Fluggerüst. Aus dem Brennstoffvorrat V. Endlich aus dem Gewicht des Gerüstes H des ganzen Apparats, das alle andern Bestandteile aufzunehmen hat. Demnach ist

$$G = P + M + J + V + H.$$

Es versteht sich von selbst, daß es in vielen Beziehungen günstig ist, wenn G so nahe an P liegt als nur möglich. Denn nicht nur ist — unter sonst gleichen Umständen — ein schwächerer Motor erlaubt, wenn alle tote Last auf ein Minimum gebracht wird; es ist auch wegen des großen Beharrungsvermögens schwerer Apparate bei Wendungen und beim Landen und endlich auch der größeren Dimensionen bezüglich ihrer Transportfähigkeit und ähnlicher Umstände wegen sehr zu wünschen, nur mit so leichten Apparaten zu tun zu haben, als es eben mit Hinblick auf die Nutzlast notwendig und möglich ist.

Gleich groß mit der Nutzlast kann das Totalgewicht natürlich niemals werden; das sieht man bezüglich der Flugmaschine sofort ein, gilt aber auch für die natürlichen Flieger, bei denen man das vielleicht nicht so unmittelbar voraussetzen würde.

Betrachten wir nun diesen offenbar wichtigen Punkt: das Verhältnis zwischen Nutzlast und Totalgewicht, näher und zwar in einer mehr empirischen Weise, während als für die Praxis sehr lehrreiche theoretische Behandlung dieses Problems die oben (S. 37) erwähnten Abhandlungen von Jarolimek und Conrad zu Rate zu ziehen sind. —

Der Storch. Ich wähle ein bestimmtes Exemplar, dessen Verhältnisse einer direkten Messung und Wägung durch Legal und Reichel unterzogen wurden.

G war 3,3 kg; das Gewicht beider Brustmuskel 0,55 kg. Die beiden Flügel hatten eine Gesamtfläche von rund 0,25 m^2, das Gewicht derselben wurde zwar nicht bestimmt, kann aber ziemlich genau berechnet werden, denn nach vielen Wägungen Prechtls ist bei den Vögeln das Flügelgewicht, also unser obiges $J = \frac{G}{5}$, demnach 0,67 kg. — Der Brennstoffvorrat, das Blut, dient nicht nur zur Arbeitsleistung in den Muskeln, sondern immerwährend, also auch während des Nichtfliegens, zum Leben des Vogels; gehört also zu den notwendigen Bestandteilen des Individuums, ist daher ein Teil der Nutzlast. Ebenso ist das Knochengerüst für das Individuum immer notwendig, H ist also auch zur Nutzlast gehörig. Dem Storch könnten offenbar seine Brustmuskeln und seine Flügel zur Untätigkeit gezwungen oder entfernt werden, und er würde dennoch weiter leben und in diesem Zustande die Nutzlast P dieses natürlichen Flugapparates repräsentieren.

Es ist also $P = 3{,}3 - (0{,}55 + 0{,}67) = 2{,}08$ kg; und $\frac{P}{G}$ d. h. das Ausnutzungsverhältnis α des Totalgewichts für die Nutzlast . . . $\frac{2{,}08}{3{,}3} = 0{,}63$, also gleich 63 %.

Damit vergleichen wir nun einige Flugmaschinen: Bei diesen ist P einfach das Gewicht des Piloten oder das mehrerer mitgenommener Personen; die hier benutzten Beispiele beziehen sich auf nur eine Person, deren Gewicht wir zu 70 kg annehmen wollen, nur jenes von Santos Dumont belief sich auf 52 kg.

Es war nun das $\alpha = \frac{P}{G}$*) in Prozenten von G ausgedrückt, bei Wright (Biplan) . . $\frac{70}{480} = 14{,}5$ %; Voisin (Biplan) . . . $\frac{70}{550} = 12{,}7$ %; Henry Farman (Biplan) $= \frac{70}{550} = 12{,}7$ %; Gastambide und Mengin (Biplan) $= \frac{70}{360} = 20$ %; Delagrange (Biplan) $= \frac{70}{320} = 22$ %; Etrich und Wels (Monoplan) $= \frac{70}{360} = 20$ %; Santos Dumont (Monoplan Demoiselle) $= \frac{52}{136} = 36{,}7$ % der Gesamtlast.

---

*) Alle hier benutzten Daten über Flugmaschinen gebe ich nach den Angaben Wellners in seinem im Jahre 1910 erschienenen Werke: „Die Flugmaschinen“.

Wir sehen also, daß das Totalgewicht viel ungünstiger für die Nutzlast ausgenützt wird, als beim Storch. Dieser hat ein α von 63 %, die Drachenflieger eines von 12,7 % bis 36,7 %, letzteres als ein schon hervorragendes relativ günstiges α. Es ist aber wichtig, sich angesichts dieser ungünstigen Zahlen nicht zu voreiligen abfälligen Urteilen über den Wert der Fliegerkonstruktionen hinreißen zu lassen, so z. B., zu glauben, die Motorstärken müssen nun bei den Flugmaschinen bedeutend größer im Verhältnis zur Nutzlast sein, wie man das nach den Werten für α schließen könnte. Untersuchen wir also, wieviel Pferdestärken pro Kilogramm Nutzlast bei den verschiedenen Flug-Flugapparaten nötig sind, indem wir die Brüche bilden, deren Zähler die respektiven Motorstärken und deren Nenner die zugehörigen Nutzlasten sind; so finden wir, daß für 1 kg Nutzlast nötig sind, also $\frac{\left(\frac{C}{75}\right)}{P}$ gleich ist:

beim Storch, der 4,8 sek/m/kg bei einer Nutzlast von 2,08 kg leistet, ... 0,031 PS. (wenn wie oben (S. 47) der Mittelwert 4,13 benutzt würde, . . . 0,026 PS.),

bei Wright $\frac{25}{70} = 0{,}36$ PS.; Voisin $\frac{40}{70} = 0{,}57$ PS.; Henry Farman $\frac{40}{70} = 0{,}57$ PS.; Gastambide und Mengin $\frac{40}{70} = 0{,}57$ PS.; Delagrange $\frac{50}{70} = 0{,}71$ PS.; Etrich und Wels $\frac{25}{70} = 0{,}36$ PS.; Santos Dumont (Demoiselle) $\frac{18}{52} = 0{,}35$ PS.

Wir sehen also, daß Wright und S. Dumont ihren Motor gleich gut ausnutzen, obwohl der erstere relativ ungleich mehr tote Last mitführt, als der letztere, welcher das Totalgewicht ca. $2\frac{1}{2}$mal besser ausnutzt als Wright; ähnlich finden wir Voisin, Farman und Gastambide genau gleich gut in Benutzung ihres Motors, obwohl ihre Ausnutzung der Gesamtlast sich wie 12,7 zu 20 zu 22 % verhält.

Ganz auffallend günstig sind aber beide Verhältnisse beim Storch, der in diesen Beziehungen alle Flugmaschinen weit hinter sich läßt. Er nutzt nämlich nicht nur das Totalgewicht mit 63 %, also selbst weit besser als die 36,7 % von S. Dumont aus, sondern braucht pro Kilogramm Nutzlast nur 0,031 PS. gegenüber der günstigsten Ziffer von 0,36 und 0,35 bei Wright und

S. Dumont; ist also im Nutzeffekt des Motors in Beziehung auf die Nutzlast mehr als 11mal besser als unsere Drachenflieger. —

Die Ungleichartigkeit in der Ausnützung des Motors für die Nutzlast und andererseits des Gesamtgewichtes für dieselbe Nutzlast belehrt uns in sehr drastischer Weise, daß die Verhältnisse bei Flugmaschinen äußerst kompliziert sind und sich nicht einer raschen Beurteilung ihrer Bedeutung und Tragweite unterwerfen lassen. Die Eigenschaften eines Flugapparates, welche praktisch wichtige Folgen haben können, sind viel zahlreicher, als man ohne eingehendes Studium ahnt, und es kommt noch das Besondere hinzu, daß mitunter die eine Eigenschaft die andere schwächt oder kompensiert. So z. B. muß es offenbar einen Grund, also eine Eigenschaft des Wrightschen Flugapparates geben, die es möglich macht, daß Wright und S. Dumont in Beziehung auf das Verhältnis: $\frac{\text{Nutzlast}}{\text{Gesamtgewicht}}$ so sehr verschieden, bezüglich des Wertes $\frac{\text{Motorstärke}}{\text{Nutzlast}}$ aber doch einander gleich sind. An die Möglichkeit solcher Gründe muß man nicht nur in diesem Falle, sondern man muß auch im vorhinein an derartige einflußnehmende Faktoren bei jedem auftauchenden Problem denken, um mit genügender Vorsicht urteilen zu können. Was aber jenen Umstand betrifft, der das überraschende Verhältnis des Wrightschen Drachenfliegers zu dem von Santos Dumont erklären könnte, so scheinen zwei Erklärungen anwendbar zu sein. In erster Linie die relativ hohe Motorkraft bei Dumont, nämlich 18 PS. gegenüber Wright, der nur 25 PS. bei einer viel höheren Gesamtlast braucht; es kann also vielleicht die Zahl 18 die effektive Motorkraft nicht richtig angeben. Oder es ist — was auch sehr wahrscheinlich ist — die aerodynamische Funktion bei Dumont nicht so günstig wie bei Wright. Und es können schließlich auch beide Umstände gleichzeitig wirksam sein. —

Den überragenden Nutzeffekt des Storchmotors selbst gegenüber unseren besten Drachenfliegern weiß ich nur durch den weit günstigeren Flugfaktor zu erklären. Und es würde uns auch nicht Wunder nehmen, daß der Vogelflügel viel besser arbeitet als unsere durch Propeller getriebene Drachenflächen; wir setzen ohnedies eine solche Ueberlegenheit des natürlichen Fluges über unseren künstlichen gerne voraus, obwohl das bisher durchaus noch nicht *bewiesen* wurde. Man setzt ja auch gerne voraus, daß der Muskel ein relativ leichterer Motor sei als unsere Motoren, und doch hat die Technik die Natur hierin bedeutend übertroffen, denn der Muskel hat ca. 9 kg Gewicht und der Benzinmotor heute nur $1\frac{1}{2}$ bis 1 kg pro PS.

Ohne nun prophezeien zu können, ob wir auch jemals unsere Flugapparate jenen der gut fliegenden Vögel gleich oder gar überlegen werden herstellen können, so kann doch durchaus nichts gegen die Wahrscheinlichkeit der Annahme eingewendet werden, daß die Flugfunktion des Storchs bedeutend günstiger sei, so daß die Arbeit seines Muskels mit viel größerem Nutzeffekt sich aerodynamisch äußern kann, als die Arbeit unserer Motoren. *Es kann aber doch gefragt werden*, ob diese Ueberlegenheit *faktisch*, oder *hier* nur *scheinbar, in so hohem Maße* vorhanden sei? —

Berechnen wir zur Beantwortung dieser Frage die Werte von $\frac{\left(\frac{C}{75}\right)}{G}$, wo der Nenner also nicht wie oben die Nutzlast, sondern Gesamtlast bedeutet:

Wenn man nun die Muskelarbeit des Storches auf sein Gesamtgewicht von 3,3 kg bezieht, so braucht 1 kg Gesamtlast nicht mehr als 0,02 PS., während Wright für 1 kg seiner Totallast $\frac{25}{480}$ = 0,052 PS. und Dumont $\frac{18}{136}$ = 0,13 PS., also relativ *mehr* Motorarbeit als der Storch benötigen. Da jedoch *dieses Verhältnis bei Wright nur 2,6mal ungünstiger ist, als beim Storch* — während es bezüglich der *Nutzlast* über 11mal ungünstiger war — so folgt daraus, daß wohl die Flugfunktion des Wrightschen Apparates noch immer als ungünstig gegenüber dem natürlichen angesehen werden muß, aber *bei weitem nicht in so hohem Grade*, als es bei Beziehung auf die Nutzlast den Anschein hatte.

Für *diese* Frage ist aber gerade die Beziehung der Motorgröße auf das *Totalgewicht*, und *nicht* jene auf die *Nutzlast*, entscheidend. Denn letzteres Verhältnis ist durch die Apparatkonstruktion kompliziert, ersteres aber gründet sich auf ein reines Faktum, nämlich: eine *Gesamtlast* wird durch die Luft mit einer bestimmten Motorgröße transportiert, also kommen so und so viel PS. auf 1 kg dieser Last. Wenn sich nun zeigen sollte, daß dieses Resultat relativ ungünstig ausfällt, so kann offenbar nur eine unzweckmäßige Flugfunktion daran schuld sein. —

Nun ist es wichtig, zu bedenken, daß zufolge der Grundformel ... $C = G\beta\sqrt{s}$, also $\frac{C}{G} = \beta\sqrt{s}$, das gesuchte und so wichtige Verhältnis .. $\frac{C}{G}$ von zwei Faktoren abhängt. Der eine ist β und bedeutet die physikalisch eben vorhandene, mehr oder weniger günstige aerodynamische Arbeit des vom Konstrukteur disponierten Flugwerks. (Treib- und Tragwerks.) Der andere Faktor ... $\sqrt{s}$ aber ist eben keine physikalische Tatsache, sondern ein vom Konstrukteur selbständig gewähltes Detail des ganzen Flugapparates, nämlich das Verhältnis der Größe der Drachenfläche zur Gesamtlast; wobei natürlich eine relativ große Fläche günstiger ist als — unter sonst gleichen Umständen — eine kleine.

In den oben angegebenen Werten der Verhältnisse $\frac{\left(\frac{C}{75}\right)}{G}$ für den Storch, Wright und S. Dumont haben wir also den Wert — nicht von β allein —, sondern von $\beta\sqrt{s}$. Die speziellen Werte von s, die bei den einzelnen Flugmaschinen angewendet wurden, sagen natürlich über die physikalische, d. i. hier die aerodynamische Funktion des schon gegebenen Flugwerkes nichts aus, sie bedeuten ja nur eine Zahl, nämlich ... $\frac{G}{F}$, und nicht eine Funktion, bei der die Natur mitwirkt.

Also ist es β allein, das uns Aufschluß über die Güte der aerodynamischen Funktion der Flugmaschine geben kann. β ist der, schon oben so genannte „Flugfaktor". Mit ihm werden wir uns daher dann zu beschäftigen haben, wenn wir — weiter unten — an eine wissenschaftlich präzise aerodynamische Kritik der Flugmaschinen schreiten werden. —

Bisher hatten wir uns in der Analyse des Gesamtgewichts G hauptsächlich mit der Nutzlast P beschäftigt. Jetzt betrachten wir in dem Ausdrucke $G=P+M+J+V+H$ das M, d. i. das Gewicht des Motors. Diese Größe hängt mit dem flugtechnisch notwendigen Betrag an Sekundenarbeit, also mit C, aber auch mit dem Gewicht des Motors pro PS. zusammen, was eine Frage der Maschinentechnik ist. Oben haben wir in letzterer Beziehung die Zahl 9 kg bis 13 kg pro PS. aus der Untersuchung des Fluges der Vögel, als für deren Flugmöglichkeit notwendig, abstrahiert, und es wird unsere Aufgabe sein, womöglich zu beurteilen, ob unsere Flugmotoren mit diesem Gewicht pro PS. auskommen können.

Wir wollen, um eine, nicht unnützliche, Anschauung in die hier obwaltenden Verhältnisse zu gewinnen, die bisher festgestellten Zahlen von M im Verhältnis zum Gesamtgewicht G nebeneinander stellen.

Für die Vögel verdanken wir die Daten den zahlreichen Wägungen, die Legal und Reichel vorgenommen haben*).

Es zeigte sich, daß $\frac{M}{G}$ bei den Vögeln zwischen $\frac{1}{3,43}$ und $\frac{1}{10,55}$, je nach der Familie derselben, schwankt.

Die höchsten Werte finden sich bei Tauben, Hühnern und Enten, die niedrigsten bei Möven und einigen Raubvögeln; mittlere Werte, von ungefähr $\frac{M}{G} = \frac{1}{6}$, bei den großen Adlern, beim Storch und bei den kleinsten Singvögeln.

Das untersuchte Storchexemplar zeigte $G = 3300$ gr und M, d. h. das Gewicht der beiden großen Brustmuskel, 544 gr, daher in der Tat $\frac{M}{G} = \frac{1}{6}$.

Bei unseren Flugmaschinen aber haben wir folgende Werte für $\frac{M}{G}$:

Wright $\frac{90}{480} = \frac{1}{5,6}$; Voisin hatte 40 PS, deren Gewicht kenne ich nicht, dürfte aber wahrscheinlich nahe an 90 kg betragen haben, dann wäre hier $\frac{90}{550} = \frac{1}{6,1}$; H. Farmans und Gastambides Motoren leisteten je 40 PS. eff., das totale Gewicht dürfte 80 bis 90 kg gewesen sein, daher $\frac{M}{G} = \frac{90}{550}$ und $\frac{90}{360}$, d. h. resp. $\frac{1}{6,1}$ und $\frac{1}{4}$; Etrich und Wels $\frac{50}{360} = \frac{1}{7,2}$; S. Dumonts „Demoiselle" $\frac{24}{136} = \frac{1}{5,7}$; weitere Daten fehlen mir.

Man sieht aus den angegebenen Werten, daß bezüglich $\frac{M}{G}$ unsere Drachenflieger den Mittelwerten bei den Vögeln ungefähr gleich

*) Sie erschienen unter dem Titel „Ueber die Beziehungen der Größe der Flugmuskulatur sowie der Größe und Form der Flügelfläche zum Flugvermögen und über die Aenderung dieser Beziehungen bei Aenderung des Körpergewichtes" in dem „Bericht über die Tätigkeit der naturwissenschaftlichen Sektion der Schlesischen Gesellschaft im Jahre 1879".

kommen, und mit dem Verhältnisse beim Storch nahezu identisch sind. —

Eine weitere Größe in G ist J, das Gewicht des Flugwerks, d. i. bei Drachenfliegern die Aeroplanfläche, da der Schraubenpropeller relativ so leicht ist, daß wir sein Gewicht vernachlässigen können.

Wir haben also sowohl die Größe der Aeroplanfläche F als auch deren Gewicht pro m^2, das sogen. spezifische Gewicht σ derselben, zu untersuchen. Die Größe derselben hängt natürlich mit G zusammen und es steht in des Konstrukteurs Belieben, das Verhältnis $\frac{G}{F}$ so zu wählen, wie es ihm für die zu erzielende Fluggeschwindigkeit passend erscheint. Ueber die spezifische Flächenbelastung $\frac{G}{F} = s$ werden wir weiter unten sprechen. Das spezifische Gewicht von F ist selten oder gar nicht bekannt gegeben, vielleicht selten oder gar nicht untersucht worden, wenigstens sind mir diese spezifischen Gewichte nicht bekannt. Für die Vögel kennen wir aber das Gewicht des Flugwerks genau genug aus den schon oben erwähnten Wägungen Prechtls, die er in seinen „Untersuchungen über den Flug der Vögel" veröffentlichte.

Prechtl fand J im Durchschnitt $= \frac{G}{5}$, also beim Storch z. B. ist dann $J = \frac{3,3}{5} = 0,67$ kg.

Das spezifische Gewicht σ der Flügel ergibt sich aus J sehr leicht, indem man $\frac{J}{F}$ berechnet. Auf diese Weise findet man für das Gewicht pro m^2 Flügelfläche folgende Werte:

Mit Benutzung der Grunddaten von Legal und Reichel über $\frac{G}{F}$ und da $\sigma = \frac{J}{F} = \frac{G}{5F} = \frac{s}{5}$ ergeben sich die Werte von σ zwischen 1 kg und (beim Storch) 2,66 kg pro m^2; als ganz vereinzelt findet man bei Perdix cinerea . . $\sigma = 4$ kg.

Es wird nun belehrend sein, diese Werte von σ mit jenen zu vergleichen, die man bei unseren Drachenfliegern feststellen wird (oder vielleicht seitens der Konstrukteure schon kennt). Interessant ist es auch, daß zufolge $\sigma = \frac{s}{5}$ ersichtlich ist, daß die Vogelflügel fünfmal so viel vom ganzen Flugkörper belastet werden, als ihr eigenes Gewicht beträgt. —

Der Betrag von V, d. i. dem Brennstoffvorrat, ist gegenüber den anderen Bestandteilen von G als sehr gering, zu vernachlässigen, wenn man nur nicht eine sehr lange Fahrtdauer voraussetzt. Denn wenn man ca. 0,3 kg Benzin pro PS. und Stunde annimmt, so wird V pro Stunde bei z. B. 40 PS. erst 12 kg, also sehr geringfügig. Beim Vogel gehört das Blut, also V, ohnedies zur Nutzlast, und der Konsum ist äußerst gering. —

Endlich enthält G noch das Gewicht des Gerüstes H. Wir sahen oben, daß für den Vogel das Gerüst zur Nutzlast gehört, bei der Flugmaschine ist das aber nicht der Fall, und H spielt daher hier eine schädliche Rolle. Eine mangels aller Daten über die Werte von J allerdings nur wahrscheinlich richtige Schätzung der H bei unseren bekanntesten Flugmaschinen wird das Nähere zeigen.

Es ist $H = S - (P + M + J)$.

Dabei werden wir, wo die Gewichte von M, d. i. des Motors, nicht bekannt gegeben wurden, ein Gewicht von $m = 1\frac{1}{2}$ kg bis etwas über 2 kg pro PS. annehmen; und da bezüglich des J meines Wissens gar keine Daten publiziert sind, nehme ich $\sigma = 2{,}66$ kg — wie beim Storch — an. P ist immer $= 70$, nur bei „Demoiselle" $= 52$ kg angegeben. Dann haben wir bei Wright mit $G = 480$, $M = 90$ (gegeben), J, die Steuerflächen mitgerechnet, $= 60.\ 2{,}66\ \ldots$ $H = 480 - (70 + 90 + 160) = 160$ kg; hiernach wäre das Gerüstgewicht $= \frac{1}{3}$ der Gesamtlast und mehr als das Doppelte der Nutzlast. Bei Voisin ist $H = 550 - (70 + 40 \,.\, 1\frac{1}{2} + 50 \,.\, 2{,}66) = 287$ kg; das ist eine so große Zahl, daß die Annahmen von m und σ wahrscheinlich zu klein sind. Bei H. Farman sind genau dieselben Grundzahlen, also H ebenfalls $=$ oder $>$ als 287 kg. Bei Gastambide ist $H - 360 - (70 + 40 \,.\, 1\frac{1}{2} + 24 \,.\, 2{,}66) = 166$ kg. Bei Etrich und Wels $H = 360 - (70 + 50$ (angegeben) $+ 38 \,.\, 2{,}66) = 139$ kg. Bei S. Dumont (Demoiselle) $H = 136 - (52 + 24$ (angegeben) $+ 12 \,.\, 2{,}66) = 28$ kg, was wohl zu klein sein dürfte. Bei Delagrange ist $H = 320 - (70 + 50 \,.\, 1\frac{1}{2} + 60 \,.\, 2{,}66)$ $= 15$ kg, was unbedingt sinnlos ist, es müssen daher die bekannt gegebenen Grunddaten unrichtig sein, da $m = 1\frac{1}{2}$ gewiß nicht zu groß sein wird und $\sigma = 2{,}66$ sich nicht gar zu sehr von der Wahrheit entfernen dürfte.

Nehmen wir, der Sicherheit wegen an, die Motoren hätten nicht $1\frac{1}{2}$, sondern über 2 kg pro PS., wie wir früher gerechnet hatten, so ergeben sich die folgenden respektiven Zahlen für H, der Reihe nach: 160, 257, 257, 136, 139, 28 kg, also immer noch sehr große Werte.

Trotz dieser hier waltenden Unbestimmtheit von m und σ sehen wir aber doch aus den obigen Zahlen, daß das Gerüstgewicht eine bedeutende schädliche Größe erreicht, und hier ist der Punkt, auf den wir bei Betrachtung der Flugmaschinen ein Hauptgewicht legen und infolgedessen wir sie in dieser Beziehung als inferiör gegenüber den natürlichen Fliegern ansehen müssen. — —

Nachdem wir das Gesamtgewicht G als ersten Faktor in der Formel (1 oder (2 studiert haben, kommen wir zum zweiten Faktor: β, dem Flugfaktor.

In der Formel (1 erscheint das β der Formel (2 als der Ausdruck:

$$\left[t\left(\frac{g}{\gamma k_y}\right)^{1/2}+\xi\frac{f}{F}\left(\frac{g}{\gamma k_y}\right)^{3/2}\right].$$

Hier ist g die Erdbeschleunigung, γ das spezifische Gewicht der Luft; beides also gegebene Größen. Das t ist der Traktionskoeffizient und k_y der Auftrieb; beide drücken also die Güte der aerodynamischen Funktion des Aeroplans aus. Der Bruch $\frac{f}{F}$, bedeutet das Verhältnis der Querflächen zur Aeroplanfläche, ξ den Grad der Zuschärfung dieser Querflächen. Wenn wir nun fragen, ob es uns möglich sein dürfte, das β so günstig zu bekommen, also so klein, wie z. B. beim Storch, so kann man, ohne noch die Sache erfahrungsmäßig studiert zu haben, doch vermuten, daß wir kaum hoffen können, das t und k_y so günstig zu erreichen wie der Storch; nicht aus dem Grunde, weil wir „die Natur niemals erreichen können“, sondern in Anbetracht des leichten Fluges dieses Vogels und im Hinblick auf die so zweckmäßige Art der Benutzung der Flügel beim Fliegen. Denn während wir nebst dem Aeroplan noch einen separaten Propeller brauchen, dienen die Schwungfedern der Flügel als Propeller und der innere Teil der letzteren als Aeroplan (nach Pénauds, zumeist beifällig angenommener Theorie), und daß beide Teile des Flugwerks besser als unseres arbeiten, ist sehr wahrscheinlich — wenn auch nicht gewiß.

Der Bruch $\frac{f}{F}$, ist ebenfalls höchstwahrscheinlich günstiger, d. h. kleiner, beim Vogel (Storch) als bei unseren Flugmaschinen; unsere Verstrebungen und der Querschnitt des Piloten, seines Oberkörper wenigstens, dürften kaum so geringe Luftwiderstände bei der horizontalen Fahrt hervorrufen, wie der gut geformte Rumpf des Vogels, also ist auch das ξ bei uns größer als beim Storch.

Im ganzen sieht man also, daß der Faktor β, der Flugfaktor, beim künstlichen Flieger wahrscheinlich größer sein dürfte als beim natürlichen, und das lassen auch schon die oben angeführten Zahlen der Brüche $\frac{C}{G} = \beta\sqrt{s}$ wo allerdings noch s mitspielt, mit größter Wahrscheinlichkeit erwarten. Ob das nun wahr ist, kann uns nur die Erfahrung lehren, vorausgesetzt, daß wir ihr überhaupt mit Sicherheit Schlüsse entnehmen können; und das ist, wie die folgenden Betrachtungen lehren werden, wirklich der Fall. —

Wenn uns eine ausgeführte Flugmaschine in ihren Hauptdaten gegeben ist, so können wir nämlich ihr β leicht bestimmen. Da nach Formel (2 . . . $\beta = \frac{C}{G\sqrt{s}}$ ist, so brauchen wir bloß die Motorstärke C, das Totalgewicht und die spezifische Flächenbelastung zu kennen. Letztere, s, ist $= \frac{G}{F}$ und stets bekannt, da ja F bekannt ist.

Nun ist bei Wright $C = 25$ PS. $= 25.75$ sekmkg, $G = 480$ kg, $s = \frac{G}{F} = \frac{480}{50} = 9{,}6$, daher ist hier $\beta = 1{,}26$. Analog findet man bei Voisin $\beta = \frac{40 . 75}{550\sqrt{11}} = 1{,}71$; bei Farman dasselbe β; bei Gastambide $\beta = \frac{40 . 75}{360\sqrt{15}} = 2{,}1$; bei Etrich und Wels $\beta = \frac{25 . 75}{360\sqrt{12}} = 1{,}49$; bei Demoiselle $\beta = \frac{18 . 75}{136\sqrt{11}} = 3$. Delagrange benutze ich — nach obigem — nicht.

Nun vergleichen wir damit den Storch. Bei diesem ist $C = 4{,}8$; $G = 3{,}3$; $s = 13{,}3$, daher $\beta = 0{,}4$.

Man sieht, daß unter allen hier angeführten Flugmaschinen der günstigste Flugfaktor sich bei Wright vorfindet, der ungünstigste bei S. Dumonts „Demoiselle“.

Bisher ist also unser günstigster Flugfaktor $= \frac{1{,}26}{0{,}4} = 3{,}1$ mal größer, also ungünstiger, als beim Storch. Wäre unsere aerodynamische Funktion ebenso gut wie beim Storch, so würde z. B. Wrights Flugmaschine nicht 25, sondern nur $\frac{25}{3{,}1} = 8$ PS. nötig haben. Es ist demnach bewiesen, daß unser künstliches Flugwerk hinter der natürlichen (des Storchs) bedeutend zurücksteht. —

Andererseits erkennen wir in der so einfachen Formel $\beta = \frac{C}{G\sqrt{\frac{G}{F}}}$ das sichere Mittel, um verschiedene Flugmaschinen bezüglich ihres aerodynamischen Wertes miteinander zu vergleichen. Obige Zahlen 1,26, 1,7, 2,1, 1,49, 3 drücken diese einzelnen Werte aus und können daher mit Recht die „wahren Flugfaktoren" genannt werden. —

Die Flugfunktion ist also desto rationeller, je kleiner der Flugfaktor β ist. Da aber der Begriff eines „Nutzeffekts" ein uns gewohnterer ist, so wollen wir lieber stets nach dem „aerodynamischen Nutzeffekt" eines — lebenden oder künstlichen (mechanischen) — Flugapparates fragen, und dieser Nutzeffekt η ist offenbar um so größer, je kleiner β ist, d. h. $\eta = \frac{1}{\beta}$; und wir haben auf diese Weise, wenn wir die eben berechneten Zahlenwerte von β für Storch und Flugmaschinen reziprok nehmen, für die Güte der aerodynamischen Funktion resp. die Werte von $\eta = \frac{1}{\beta} = \frac{G}{C}\sqrt{\frac{G}{F}}$ für Storch = 2,5; und 0,8, 0,6, 0,6, 0,5, 0,7, 0,33 für die resp. Flugmaschinen.

* * *

Diese Methode, aerodynamische Nutzeffekte zu berechnen und zu vergleichen, können wir natürlich auch auf den Vogelflug anwenden*).

Hierzu ist nur eine Vorbemerkung notwendig. In der Formel . . . (2 bezieht sich der Ausdruck für β wie Formel . . . . (1 lehrt, speziell auf Drachenflieger, also auf kontinuierliche Bewegung des Flugwerkzeuges. Beim Vogelflug hat man es jedoch mit intermittierenden Schlagbewegungen zu tun, woraus folgt, daß der Ausdruck

*) Ich fand diese Rechnungsmethode bald nach meiner physiologischen Berechnungsart der Flugarbeiten der Vögel, von der weiter oben die Rede war; also im Anfang der 80er Jahre (ohne daß ich das genaue Jahr anzugeben wüßte), publizierte sie aber nicht. Meines Wissens wurde sie bis heute noch von niemand anderem angewendet. Ich will jedoch erwähnen, daß im Jahre 1895 W. Winter in seinem Buche „Der Vogelflug" Vergleichungen zwischen der Flugfähigkeit verschiedener Vögel veröffentlichte, die zwar nicht mathematisch richtig sind, aber in ungefährer Weise an meine Methode erinnern. Ueber den Wert der Winterschen Betrachtungsart und den Grad ihrer Genauigkeit werde ich sogleich im Text eingehender sprechen.

6*

für β in Formel .... (1 ein anderer und zwar ein komplizierterer sein muß. Er mag aber wie immer gestaltet sein, so ist er eben doch gerade so von der Bedeutung eines Flugfaktors — der möglichst klein soll, wenn die Motorarbeit klein sein soll — wie das in Formel .... (2 der Fall war.

Man kann also ganz beruhigt auch für Flugmaschinen mit Schlagbewegungen die Größe η des aerodynamischen Nutzeffektes aus dem Ausdruck .... $\frac{G}{C}\sqrt{\frac{G}{F}}$ gerade so gut berechnen, wie das bei den Drachenfliegern geschah. Was ist aber der eigentliche Sinn des Begriffes eines guten aerodynamischen Nutzeffekts? Es ist die Aussage, daß der betreffende Flugapparat seinen Motor und sein Flugwerkzeug zum Fliegen, also physikalisch, günstig ausnützt.

Das ist demnach etwas ganz anderes, als die Frage, ob ein Flugapparat, z. B. ein Vogel, ein mehr oder weniger guter Flieger ist. Er kann ein ausgezeichneter Flieger sein und dennoch einen schlechten aerodynamischen Nutzeffekt besitzen, indem er diesen Fehler einfach durch einen relativ starken Motor und etwa auch noch durch relativ große Flügelflächen kompensiert oder sogar überkompensiert hat.

In der Broschüre „Der Vogelflug" von Winter (aus dem Jahre 1895) wird eben die letztere Frage behandelt. Es heißt dort auf S. 56 und 57:

„Ein Vogel wird im allgemeinen um so besser fliegen, je größer verhältnismäßig sein Brustmuskel ist, je kleiner also die Zahl $\frac{G}{B}$ ist, und um so besser, je kleiner seine Flügelbelastung $\frac{G}{F}$ ist. Multipliziert man nun diese zwei Zahlen $\frac{G}{B}$ und $\frac{G}{F}$, so wird, wer in beiden Zahlen klein ist, auch im Produkte klein sein und sich dadurch als ganz besonders gut ausgestatteten Flieger dokumentieren, und umgekehrt. . . . Als die besten Flieger zeigen sich so Schwalbe 8, Fink 8. . . . Den Schluß machen weit abstehend Fasan 61, Reiherente .... usw." .... „Zahlen von ähnlichem Charakter erhält man, wenn man dieselben zwei Verhältniszahlen $\frac{G}{B}$ und $\frac{G}{F}$ addiert."

Zu dieser Art der Vergleichung ist zu bemerken, daß sie nur qualitativ brauchbare Zahlen liefert, da sie nicht auf den mathematisch richtigen Relationen, die hier herrschen, aufgebaut ist. Der Ausdruck $\frac{G}{F}$ müßte nämlich durch $\sqrt{\frac{G}{F}}$ ersetzt werden; dann kommen sofort wesentlich verschiedene Vergleichsziffern heraus; die Wintersche Zahlenreihe für die guten und minder guten Flieger bedarf daher einer Korrektur. Noch weniger brauchbar ist die Methode, $\frac{G}{B}$ und $\frac{G}{F}$ zu addieren, denn in der Formel für die Flugarbeit C stehen beide Ausdrücke als Faktoren und nicht als Summanden. Trotz dieser Mängel ist doch die Verwendung jener beiden Brüche von einigem Wert für die gestellte Aufgabe.

Bei uns hier fragen wir aber nicht danach, welcher Apparat der bessere Flieger ist. Denn wir wissen ja im vorhinein, daß ein um so besserer Flug möglich sein muß, je stärker der Motor und je größer die Flächen des Flugwerkzeuges sind. Uns handelt es sich eben um die Lösung eines viel subtileren, obwohl eminent praktisch wichtigen, Problems; nämlich um die Frage: Wenn ein Flugapparat — Vogel oder Flugmaschine — gegeben, also schon vollendet ist, zu eruieren, ob er und in welchem vergleichungsweisen Maße er seine ganze Konstruktion aerodynamisch ausnutzt. Welche Frage durch direkte Experimente wohl gar nicht, durch die obige Methode nach Formel . . . . (2 aber sehr leicht beantwortet werden kann. Wobei nur sehr zu wünschen ist, daß die Sekundenarbeit des Motors während des Fluges gemessen werden konnte, wie das in der letzten Zeit bereits angebahnt wurde (siehe „Flugwesen und Motortechnik“ Nr. 22 d. J. 1910 nach „La Revue Aerienne“ Nr. 50 d. J. 1910), da ja diese Arbeit sich nicht mit jener am Stande deckt; sie ist meistens kleiner.

Durch diese Berechnungen von η sind wir dann in den Stand gesetzt, die Konstruktionen von Flugmaschinen nicht nur aerodynamisch zu bewerten, sondern auch auf Grund dieser Rechnungen Verbesserungen vorzunehmen und sie stets von neuem zu prüfen.

Der Unterschied zwischen der Winterschen Auffassung und der meinigen wird aber besonders dadurch klar werden, daß folgende Differenz hervorgehoben wird: Bei Winter ist jener Vogel ein „besserer Flieger“, bei welchem $\frac{G}{B}$ und $\frac{G}{F}$ klein sind. Bei mir aber ist der aerodynamische Nutzeffekt η desto besser, je größer $\frac{G}{C}$ (oder $\frac{G}{B}$) und

$\sqrt{\frac{G}{F}}$ sind. Demnach kommen die maßgebenden Ausdrucke in genau entgegengesetzter Weise zur Geltung. —

Was nun aber das η bei den Vögeln betrifft, so will ich, raumeshalber, nur Taube, Adler und Schwalbe der aerodynamischen Untersuchung unterwerfen. Hierzu benutze ich wieder die Daten für G, F und C aus der Abhandlung von Legal und Reichel. Das C, die Sek.-Arbeit in m/kg, ergibt sich dabei aus dem resp. Gewicht der beiden Brustmuskel, da wir oben die Sekundenarbeit pro Kilogramm Muskel .... = 8,75 sek/m/kg gefunden hatten.

Auf diese Weise findet man für resp. Taube, Adler und Schwalbe für η die Werte: 1,7, 2,5, 1,8, während für Storch .... $\eta = 2{,}5 = \frac{1}{0{,}4}$ war. Storch und Adler besitzen also gleich guten und hervorragend guten aerodynamischen Nutzeffekt; Schwalbe und Haustaube gleich guten, aber minder günstigen solchen Nutzeffekt.

Alle diese Vögel aber übertreffen in flugtechnischer Beziehung unsere besten Flugmaschinen, da selbst Wright nur ein η von .... 0,8 besitzt.

* * *

Jetzt bleibt aus der Formel (2 nur noch $\sqrt{s} = \sqrt{\frac{G}{F}}$ zu betrachten übrig.

Wir entnahmen soeben die Werte von s den Grunddaten der Flugmaschinen, und stellen der Uebersicht wegen seine Werte für die angeführten Flugapparate zusammen: Bei Wright ist $s = \frac{480}{50} = 9{,}6$; Voisin = 11; H. Farman = 11; Gastambide = 15; Etrich und Wels = 12; S. Dumont (Demoiselle) = 11 als Zahl der kg pro m² Tragfläche.

Nun müssen wir wieder fragen, wie groß sich die spezifische Belastung bei den Vögeln zeigt. Da finden wir nun wieder bei Legal und Reichel direkte Beobachtungen, und es zeigt sich, daß die meisten Werte von s zwischen 8 und 13 schwanken, höchst selten fand es sich = 5 (auch Delagrange hat $s = 5{,}3$), das sehr seltene Maximum war ungefähr 20; der Storch hat $s = 13{,}3$.

Es ist gewiß eine interessante Tatsache, daß die spezifische Flächenbelastung in den meisten Fällen der künstlichen und natürlichen Flieger (der Vögel) nahezu gleich groß sind. Und speziell der Storch steht in dieser Beziehung so nahe den Flugmaschinen, daß der Ausdruck $\sqrt{s}$, der die Motorgröße mitbestimmt, beim S t o r c h . . . = $\sqrt{13,3}$ = 3,65, bei W r i g h t = $\sqrt{9,6}$ = 3,1, bei V o i s i n, F a r m a n und D u m o n t = $\sqrt{11}$ = 3,32 ist, daß demnach a l l e diese Faktoren in der Formel für die Motorgröße, praktisch genommen, i d e n t i s c h sind.

Fassen wir nun die gewonnenen Hauptresultate, der besseren Uebersicht wegen, zusammen: D i e A u s n u t z u n g d e s T o t a l g e w i c h t e s G f ü r N u t z l a s t P, also $\alpha = \frac{P}{G}$ beträgt beim S t o r c h 63 % von G, bei den jetzigen M a s c h i n e n f l i e g e r n zwischen 12,7 und 36,7%.

D i e Z a h l d e r P f e r d e s t ä r k e n p r o k g N u t z l a s t, also $\frac{\left(\frac{C}{75}\right)}{P}$, ist beim S t o r c h 0,031 PS, bei den Flugmaschinen 0,36 bis 0,57 PS. (bei Delagrange, dessen Grunddaten mir unverläßlich scheinen, 0,71 PS).

D i e Z a h l d e r P S. p r o k g T o t a l g e w i c h t, also $\frac{\left(\frac{C}{75}\right)}{G}$ ist beim S t o r c h 0,02 PS., bei den Flugmaschinen zwischen 0,052 PS. (Wright) und 0,13 PS. (S. Dumonts „Demoiselle").

D a s V e r h ä l t n i s d e s M o t o r g e w i c h t s M z u m T o t a l g e w i c h t, also $\frac{M}{G}$, ist beim S t o r c h $^1/_6$, bei den Flugmaschinen ebenfalls nahe an $^1/_6$.

D a s V e r h ä l t n i s d e s G e w i c h t s d e s F l u g w e r k s J z u r F l ä c h e F d e s s e l b e n, also $\frac{J}{F} = \sigma =$ dem Gewicht pro Flächeneinheit, ist beim Storch 2,66 kg, bei den Maschinenfliegern mir unbekannt, weil J nicht bekannt ist.

D a s G e w i c h t m d e s M o t o r s p r o P S., also $\frac{M}{C} \cdot 75$, ist beim S t o r c h ca. 9 kg, bei unseren Flugmaschinen 1 bis $3^1/_2$ kg.

D a s G e w i c h t H d e s G e r ü s t e s d e s g a n z e n F l u g a p p a r a t e s ist beim S t o r c h = 0, bei den Flugmaschinen sehr verschieden, aber meistens b e d e u t e n d g r ö ß e r als die Nutzlast P.

D e r F l u g f a k t o r β, der die Güte der aerodynamischen Funktion mißt, ist beim S t o r c h = 0,4, bei den Flugmaschinen 1,26 (Wright) bis 3 (S. Dumont).

Die spezifische Flächenbelastung $s = \frac{G}{F}$ ist beim Storch = 13,3 kg, bei den meisten Doppeldecker-Flugmaschinen ca. 11 kg, bei den Eindeckern 15 bis 25*). —

Wenn wir nun unsere Flugmaschinen auf Grund obiger Resultate einer Kritik unterwerfen und besonders den gutfliegenden Storch als Maßstab eines guten Flugapparates heranziehen, so finden wir zwei Nachteile unserer Flugapparate: Eine nicht unbedeutende Erhöhung der toten Last durch das Gerüstgewicht (H) und ferner einen ungünstigen aerodynamischen Wirkungsgrad, also einen großen Flugfaktor β, oder, was dasselbe besagt, einen zu kleinen aerodynamischen Nutzeffekt η.

Es ist daher nicht zu verwundern, daß man erst mit Motoren von viel weniger Gewicht pro PS. fliegen konnte, als es Pénaud genügend schien, der nämlich mit 9 kg pro PS. zufrieden gewesen wäre. Auch die 7 kg pro PS., die Ch. Rénard für genügend hielt, reichten nicht aus, denn der erste Flug eines Menschen, jener der Brüder Wright, am 17. Dezember 1903, gelang mit einer Maschine von 25 PS. und 90 kg Gewicht, also von 3,75 kg pro PS. Bei den immer steigenden Anforderungen an die Leistungen der Flugmaschinen benutzt man sogar schon viel stärkere Motoren, bis zu 100 PS., mit 1 kg und etwas darüber pro PS. —

Die wichtigste Frage nun, die sich hier erheben kann, ist natürlich die nach der Möglichkeit einer Verbesserung unserer Flugapparate.

Die Verbesserung des Umstandes, daß ein Gerüstgewicht uns notwendigerweise belastet, kann nur darin bestehen, daß wir dessen Einfluß relativ schwächen, und da wir das Gerüst nicht schwächer bauen dürfen, als es die Festigkeit und Sicherheit desselben zuläßt, so bleibt nichts anderes übrig, als die Nutzlast so bedeutend zu erhöhen, daß das Gerüstgewicht dagegen klein, oder wenigstens viel kleiner als bisher, wird. Und diese relative Herabminderung ist ganz gut möglich, weil das Gerüstgewicht in viel kleinerem Maße schwerer gebaut werden muß, als die Nutzlast wächst.

Was die Verbesserung des aerodynamischen Nutzeffekts

*) Es wäre zu wünschen, daß über alle obigen Grundgrößen genauere Daten publiziert würden, als es bisher der Fall ist. Selbst die Zahlen der effektiven Pferdestärken scheinen mir nicht immer verläßlich zu sein.

betrifft, so kann gegenwärtig darüber weder ein Vorschlag noch eine auch noch so schüchterne Prophezeiung gegeben werden. Nur fortgesetzte theoretische und praktische, d. h. experimentelle, Studien können uns lehren, ob wir in den aerodynamischen Funktionen der Aeroplane Fortschritte machen können; die direkte Praxis kann uns darin kaum vorwärts bringen.

So wäre denn das einzige fortschrittliche Resultat unserer ganzen Betrachtung das: Sehr große Drachenflieger zu bauen, um große Nutzlasten zu transportieren. Seien es nun mehrere Personen, oder Post- oder andere Frachten, oder Kriegsmateriale; wobei in letzterem Falle allerdings die Aenderung der Schwerpunktslage infolge Herabwerfens des Materials eine Schwierigkeit in der Erhaltung der Stabilität hervorrufen dürfte.

Die Stabilitätsfrage selbst war überhaupt nicht der Gegenstand unserer Untersuchung. Ebenso wenig die Behandlung der Schraubenflieger oder anderer Fliegersysteme, dei alle noch gar nicht praktisch zur Funktion gelangten; wir studierten hier nur den Drachenflieger.

Und diese für viele, z. B. 10 und mehr, Personen zu bauen, ergab sich uns als insofern zweckmäßig, als man, unter sonst gleichen Umständen, relativ um so schwächere Motoren benötigt, je geringer das Gewicht des Gerüstes gegenüber der Nutzlast ist. Es ist ja auch aus anderen Gründen wahrscheinlich, daß man in nicht ferner Zeit trachten wird, Flugmaschinen für eine nahezu so große Anzahl von Mitfahrenden zu bauen, wie sie heute von nicht übermäßig großen Luftballonen mitgenommen werden kann.

* *
*

In der oben besprochenen Abhandlung aus dem Jahre 1876 über die Kraft der fliegenden Wesen ist auch eine ganz kurze, aber höchst wichtige Stelle über das Verhältnis des Motorgewichts zum Totalgewicht der Flugmaschine enthalten, die wir schon oben bei Besprechung der Pénaudschen Minimum- und Maximumprobleme hervorgehoben haben; diese Stelle lautet: „Meinen Rechnungen zufolge soll dieses Verhältnis ein Drittel nicht überschreiten, um ein hinreichendes Gewicht für die Tragflächen übrig zu lassen.“ —

Ferner gibt in diesem selben Aufsatz Pénaud ein sehr wichtiges Resultat von Versuchen über die Beschaffenheit der Luftströmungen unter den Flügeln aufsteigender Vögel und in der Umgebung der Luftschrauben.

Pénaud fand, daß der Vogel beim aufsteigenden wie auch beim stationären Fluge einen gleichförmigen Luftstrom unterhalb der Flügel hervorbrachte, dessen Querschnitt nahezu gleich ist der horizontalen Projektion der Fläche, die die Flügel bei ihrer Bewegung beschreiben. Um das nachzuweisen, ließ Pénaud Tauben aufsteigen in einem von Rauch erfüllten Milieu oder auch oberhalb eines weitmaschigen Netzes, das mit leichten Körperchen bestreut war. Ferner experimentierte Pénaud zu demselben Zwecke mit seinem Modell eines mechanischen Vogels und mit seinem Schraubenflieger; mittels Kerzenflammen konnten die Luftströmungen leicht sichtbar gemacht werden, und stets zeigte sich ein kontinuierlicher, regelmäßiger, zylindrischer Luftstrom, ohne jede Zerstreuung oder zentrifugale Bewegung. „Man sieht,“ sagte Pénaud, nachdem er mit seinem Schraubenflieger vor der Aeronautischen Gesellschaft in dieser Weise experimentiert hatte, „daß, entgegen einer sehr verbreiteten Vorstellung, die Luft, weit entfernt, sich nach dem Umfang der Schraube hin zu zerstreuen, gerade umgekehrt das Bestreben zeigt, gegen die Achse zu konvergieren, wie das die Kerzenflamme deutlich anzeigt. Hinter der Schraube und bis in eine ziemlich große Entfernung wird die Flamme nur sehr schwach beunruhigt, so lange sie außerhalb des Zylinders steht, dessen Basis der Schraubenkreis bildet, während sie heftig angeblasen wird, wenn sie sich innerhalb dieses Zylinders befindet. Und vor der Schraube sieht man, daß die Luftsäule sich nicht fortsetzt, und daß sich unmittelbar über der Schraube ein sich sehr erweiternder Aspirationskegel bildet, der die Luft von allen Seiten her ansaugt.“

Die Wichtigkeit einer experimentellen Untersuchung der Luftbewegung an Luftschrauben wie auch an Wasserschrauben leuchtet jedem ein, wenn er auch nur das weiß, daß so viele sich bemüht haben, durch Umhüllungen der Schraube, schon durch ein einfaches Rohr, deren Nutzeffekt zu erhöhen; alle diese schon seit langer Zeit her wiederholt auftauchenden Vorschläge gingen eben von der Voraussetzung aus, daß die Schraubenflügel die Luft nach auswärts, also zentrifugal, treiben. Pénaud dürfte wohl der erste gewesen sein, der das Gegenteil durch direkte Beobachtung feststellte. Man könnte aber glauben, derlei mehr physikalische als mechanische Untersuchungen seien von geringem Wert, und meinen, direkte Messungen mit verschiedenen Schraubenformen wären von größerer praktischer Wichtigkeit, sei es für die Flugtechnik, sei es für die Schiffahrt.

Nichts wäre irriger. Eine richtige Vorstellung über die Beschaffenheit der Luft- resp. Wasserströmungen beseitigt nicht nur eine nahezu unbegrenzte Anzahl wertloser Erfindungen, sondern ermöglicht auch viele nützliche; und eine solche physikalische Feststellung ist gegenüber den, bekanntlich ebenfalls sehr zahlreichen, mechanischen Messungen gewissermaßen die allgemeinere Formel, und würde nur von der noch allgemeineren Methode übertroffen, durch mathematische Formeln diese Vorgänge festzustellen. Letzteres ist aber viel zu schwierig, und wenn jemand — was ja auch in komplizierten Rechnungen versucht wurde — derlei unternimmt, so finden seine Resultate keinen Kredit, eben weil jeder Praktiker heute schon weiß, daß dieses Problem durch Mathematik nicht überwunden werden kann. —

Durchdrungen von der Wichtigkeit der direkten Beobachtung von Luftstromlinien überhaupt und speziell der Schraubenwirkung auf die umgebende Flüssigkeit wurde diese Methode seit Pénaud von mehreren Forschern wiederholt und zwar in stets anderer Weise. H. Maxim studierte die Luftströme mittels kurzer Bänder, er fand nicht die geringste Zentrifugalwirkung der Schraubendrehung, ausgenommen den Fall, daß die Ganghöhe mehr als dreimal so groß als der Durchmesser der Schraube war. Im Jahre 1896 publizierte L. Mach in der Z. f. Luftsch. Photographien strömender Luft an verschieden geformten Hindernissen, wobei er die Schlierenmethode anwandte. Ahlborn bereicherte ebenfalls unsere hydrodynamischen Kenntnisse durch Photographien von Wasserbewegungen an einfachen und mehrfachen Hindernissen, welche Photographien zum Teile in R. Nimführs „Leitfaden der Luftschiffahrt" reproduziert zu finden sind. Die Originalabhandlung Ahlborns erschien im Jahre 1902 und führt den Titel „Ueber den Mechanismus des hydrodynamischen Widerstandes". H. Hele Shaw unternahm seit 1897 solche Versuche, bei denen er Wasser und gefärbtes Glyzerin durch nahestehende feine Oeffnungen austreten ließ und diese Strahlen, die einen widerstrebenden Körper trafen, photographierte. Marey befaßte sich von 1893 bis 1901 mit der Photographie der Luftstromlinien, wobei er seine Rauchfäden benutzte.

Im Jahre 1899 stellte Wellner solche Versuche ebenfalls mit feinen Rauchfäden an; die Photographien findet min in seinem Werke: „Die Flugmaschinen" reproduziert.

Noch jüngeren Datums sind die direkt an Luftschrauben vorgenommenen Experimente von A. P. Thurston, deren Resultate er in dem Aufsatz: „Automatic spead control for flying machines" in The Aéronautical Journal vom Oktober 1909 bekannt machte. Zur Sichtbarmachung der Luftstromlinien benutzte er eine Reihe von Kapillarröhren, die von einem Zentralrohre ausgehen. Die Luft strömt von einem Reservoir in feinem Strahl über die Oberfläche von Salzsäure, die so geschwängerte Luft streicht dann über Ammoniak, wodurch ein dichter, weißer Rauch entsteht, der dann durch jene Kapillarröhren in feinen Linien ausströmt, die nun photographiert werden. Diese photographische Aufnahme ist in dem betreffenden Artikel reproduziert, sie ist identisch mit jener Figur, die Wellner in seinem eben zitierten Werke aut S. 8 gegeben hat, bei der er aber nicht angibt, woher er die sachliche Berechtigung zu ihrer Darstellung nahm. Noch neueren Datums sind die Versuche des Dr. Riabouchinsky, die er im Jahre 1909 im Fascicule II und III des Bulletin des Instituts von Koutchino besprach. Auf S. 28 beginnt dort sein Aufsatz „Étude sur la circulation de l'air autour d'une hélice ramant à point fixe", und da wird nun mitgeteilt, daß keine zentrifugale Bewegung der Luft stattfindet, sondern im Gegenteil, wie bei Ausfluß durch eine Oeffnung mit scharfen Rändern, eine Kontraktion des Strahl eintritt. Die interessante Beobachtungsmethode Riabouchinsky's besteht darin, daß er das zu studierende Widerstandsobjekt auf eine mit schwarzem Papier bedeckte Platte stellt und auf das Papier Licopodiumpulver streut. Im Moment, wo das Pulver beginnt, vom Luftstrom fortgerissen zu werden, gibt er der Platte mit einem kleinen Hammer einen Stoß und photographiert nun. Das schwarze Papier scheint durch und die Stromlinien zeichnen sich auf diese Weise sehr klar ab. Das Fascicule III enthält eine große Anzahl solcher Photographien.

Noch sei erwähnt, daß solche Experimente auch an Schrauben in Wasser, und zwar von Professor Flamm, vorgenommen wurden; auch hier bildete der Abstrom des Schraubenwassers bis zu einer gewissen Länge fast immer einen mathematisch genauen Zylinder, und demzufolge hält auch Flamm die weit verbreitete Annahme einer zentrifugalen Schleuderwirkung für unrichtig.

In Beziehung auf den Parallelismus der Stromlinien unterhalb der Schraubenflügel muß aber erwähnt werden, daß im August des Jahres 1909 Messungsresultate von Boyer-Guillon bekannt gemacht wurden, denen zufolge diese Strömungslinien nicht parallel zueinander, sondern konisch auseinandergehend sein sollen. Die Untersuchung wurde mittels der Pitotschen Röhre vorgenommen. Ich kann, namentlich da mir die Abhandlung Boyers nicht vorliegt, mir kein Urteil über dieses Resultat anmaßen, andererseits aber schwer den Zweifel unterdrücken, daß durch diese Untersuchungsmethode die photographisch gefundenen Resultate erschüttert werden könnten.

Wir können allen diesen so gut harmonierenden Experimenten zufolge also doch wohl behaupten, daß wir bei unseren in der Flugtechnik (wie auch in der Schiffahrt) angewendeten Schrauben keine zentrifugalen Strömungen zu besorgen haben, und das Bild der ganzen, um die Schraube herum herrschenden Luftbewegung können wir uns als das eines Blumenstraußes denken, dessen weit ausladender Kopf vor der Schraube und dessen parallel aneinander liegende Stiele, die einen hohlen Zylinder bilden, unterhalb derselben liegt. Allgemein ist aber der Satz von der Abwesenheit der zentrifugalen Strömung nicht anwendbar; man braucht ja nur an die Exhaustoren zu denken, deren Schaufeln mit ihrer Ebene senkrecht auf die Kreisbewegung bewegt werden — während bei den Schrauben diese Ebenen (oder Flächen) mit dieser einen Winkel bilden —, und infolgedessen die Luft radial hinaustreiben. Hieraus folgt, daß jener Satz nur unter Voraussetzung gewisser kleiner Winkel, d. h. nicht zu steiler Schraubenflächen wahr sein kann, wie sie eben, der Arbeitsökonomie wegen, bei unseren Flugmaschinen angewendet werden. Und in der Tat hat auch Maxim, wie wir oben sahen, bei seinen Schraubenversuchen bald eine Grenze für die Ganghöhe der Schraube gefunden, bei der jener Satz aufhörte, gültig zu sein.

IX.

Das Oktoberheft des l'Aéronaute vom Jahre 1877 enthält die genaue Wiedergabe des Patentgesuches, das Pénaud in Gemeinschaft mit dem Mechaniker Gauchot am 18. Februar 1876 eingereicht hatte. Kapitän Ferber nennt dieses Schriftstück die „Krönung des Werkes“ von Pénaud, und daß diese Bezeichnung wohlverdient sei, wird wohl die nachfolgende Anführung der Hauptpunkte jener Patentschrift erweisen. Ich selbst hatte zwar die früheren Abhandlungen Pénauds im l'Aéronaute seinerzeit achtungsvoll studiert, mich aber gerade um diesen Aufsatz nicht gekümmert; wie ich jetzt glaube, weil ich darin nur eine Wiederholung der früher schon publizierten Ideen voraussetzte. Um so mehr wurde ich, als ich den Aufsatz jetzt behufs Abfassung dieses Essay studierte, von dem Reichtum seines Inhalts, namentlich von der Umsicht in den Details, überrascht.

Das Mémoire beginnt mit den Worten: „Unsere Erfindung bezieht sich auf einen Flugapparat, der einen oder mehrere Passagiere durch die Luft führen kann. Er gehört in die Klasse der Aeroplane, d. i. geneigter Flächen, die wie die Drachen auf die Luft wirken und in horizontaler Richtung durch Luftpropeller getrieben werden.“ —

Rückwärts sind zwei Steuerflächen mit horizontalen Charnieren zur Regulierung der Neigungen vorhanden, für Richtungsänderungen dient ein vertikales Steuer. Diese drei Steuerflächen werden vom vorne sitzenden Piloten bedient. Die vier Tatzen sind mit Federn und Rollen für den Aufstieg und für eine tangentiell gerichtete Landung versehen. Die scharf zugeschnittene Gondel sitzt direkt unterhalb der Tragfläche und ist fest mit ihr verbunden.

Die Tragflächen, die eine elliptische Form besitzen, haben Rippen, die longitudinal und transversal zur Apparatsymmetrieachse gerichtet sind, oben und unten sind sie mit Flächen überspannt; die Rippen können aus Holz oder Metall, die Flächen aus Seide, gefirnißter Baumwolle, Fournierholz oder Blech bestehen. Die Spannweite der Tragfläche ist viel größer als ihre in der Richtung der Bewegung genommene Länge; sie kann eben oder, was besser ist, leicht gewölbt sein. Die Längsstabilität wird während des Fluges durch Aufbiegung im ganzen oder an der hinteren Partie erreicht. Wir reservieren uns, den Flügeln nach ihrer Längenrichtung eine leichte Torsion zu geben, so, das der Angriffswinkel der Luftströmung an der inneren Partie um 1 oder 2 Grad größer ist, als am äußeren Ende, zum Zwecke der Verkleinerung des Hebelarmes jener Kräfte, welche die Rippen nach oben biegen wollen. Die beiden Flügel können sich tangentiell berühren oder diedrisch unter sehr stumpfem Winkel gegeneinander angeordnet sein.

Schraube und Motor: Es sind zwei gleich große, gleich schnell und entgegengesetzt rotierende Schrauben vor der Fläche zu beiden Seiten des Apparates angebracht, ihre Achsen sind parallel der Symmetrieachse und der Tragfläche; wir reservieren uns aber, diesen Achsen eine Neigung bis zu 5° nach unten zu geben, und sie entweder in die Mittelebene der Tragflächen oder etwas darunter zu verlegen; letzteres ist gut für die Längsstabilität, weil die Stoßrichtung durch das Widerstandszentrum und durch den Schwerpunkt geht. Wir reservieren uns, die eine Schraube unabhängig von der anderen rotieren zu lassen; die Größe der Schrauben ist so angenommen, daß sie nie den Boden oder die Wasserfläche berühren; sie können vorne, aber auch in der vorderen Hälfte der Tragflächen, zwischen zwei Rippen, angebracht werden; sie können konkav in jeder Richtung sein.

Der Motor: Ein oder zwei Motoren treiben die Schrauben mittels Zahnrädern oder Riemen oder Ketten ohne Ende und gezahnter Räder, oder mittels Stahlbändern. Für Dampfkondensation kann die Fläche der Gondel dienen, wenigstens dabei mithelfen. Der Motor kann mit Wasserdampf, mit heißer Luft, oder durch Explosion von Gasen, oder Mischung von Luft mit Flüssigkeitsstaub, wie z. B. Petrol, Alkohol, Aether, betrieben werden, er sitzt in ein Drittel vor der Tragfläche, beim Piloten.

Die Gondel ist dicht, um auch als Boot dienen zu können, und vorne wie ein Vogel gebaut.

Der Apparat kann lanciert werden durch starke Federn oder auf einem Wagen, der von einem speziellen Motor getrieben wird. Das Landen geht auf den Rädern (Rollen) vor sich; wir reservieren uns, eigene Terrains für Auffahrt und Landen zu präparieren.

Die Steuerflächen sind ähnlich konstruiert wie die Tragfläche; ihr Gewicht ist durch Gegengewicht oder Federn kompensiert, sie sind also leicht beweglich. Der Pilot kann stehen oder sitzen; gegen den Luftzug schützt ihn eine Glasmaske oder eine Glaswand; er steuert mit beiden Händen mittels eines einzigen Organs beide Steuer, nämlich durch Ziehen oder Stoßen und durch Drehen.

Die Stabilität in der Längsrichtung wird permanent durch Aufbiegung am hinteren Teile der Tragfläche erhalten.

Zur Orientierung hat der Pilot einen Richtstab und ein Wasserniveau, eine Boussole und ein Metallbarometer.

Die vertikale Steuerfläche kann auf elektrischem Wege von der Magnetnadel so dirigiert werden, daß automatisch eine konstante Richtung erhalten wird; die horizontalen Steuerflächen ist ebenfalls auf elektrischem Wege in Beziehung auf einen unterhalb der Gondel herabhängenden Bleidraht dirigierbar, wodurch die Nähe des Erdbodens angezeigt wird.

Ferner ist ein Anzeiger für den Luftdruck auf die Tragflächen vorhanden; ein Anemometer gibt die Fahrtgeschwindigkeit an.

Der Schwerpunkt des Apparats liegt im vorderen ersten Fünftel der Tragfläche; er ist von vorne nach hinten veränderlich, wenn die Personen ihren Ort wechseln oder beim Deplacement anderer Objekte, z. B. des Brennstoffs. Das Totalgewicht dürfte bei zwei mitfahrenden Personen („nach unserer Zeichnung") ungefähr 1200 kg betragen, die Motorarbeit 20 bis 30 PS.; die Tragflächen treffen im normalen Flug die Luft unter ungefähr 2° und fahren mit 25 m Geschwindigkeit pro Sekunde; ihre Spannweite ist 18 bis 30 m. —

*   *
*

Wie man nun sieht, hat Ferber ganz recht, wenn er darauf hinweist, wie viel von den Dispositionen oder Ideen von Blériot, Antoinette, Chanute, Ader, Ch. Renard, Esnault-Pelterie, Mengin und noch vielen anderen schon in Pénauds Patentbeschreibung vorhanden sind. Aber Pénaud fehlte noch der genügend leichte Motor, den manche der Genannten bereits hatten und, da er dies wußte, tat er alles Mögliche, um zur Herstellung eines solchen zu animieren, jedoch ohne Erfolg. Ueberdies bekam er, wie Chanute im Progreß . . erzählt, keine Geldunterstützung, sein Projekt wurde kritisiert, verschrien, falsch dargestellt, und es erhoben sich allerhand Widerstände gegen dasselbe. —

Von den Details in diesem Projekt möchte ich speziell hervorheben, daß die Tragfläche eine elliptische ist, mit der Längsachse in der Querrichtung der Translation. Dadurch ist einerseits dem Wenhamschen Prinzip der relativ großen Spannweite genügt, andererseits durch Verschmälerung der Enden der Flächen ein weiterer Vorteil für die Wirkung der Luftströmung erreicht; es wird nämlich der seitliche wirbelnde Abfluß der Luft verhütet, ein Punkt, auf den später namentlich Lilienthal in seinem Werke über den Vogelflug aufmerksam machte. Ferner ist bemerkenswert, daß Pénaud schon an eine automatische Steuerung dachte, eine Einrichtung, um die sich soeben viele Flugtechniker bemühen.

Die Annahme eines Angriffswinkels von 2° jedoch, die Pénaud seinem Projekt zugrunde legte, zu dem Zwecke, um eine kleine Motorarbeit zu ermöglichen, scheint mir eine unpraktische und forcierte. Ich habe schon im Jahre 1888 in der „Zeitschrift für Luftschiffahrt" und im Jahre 1889 in meiner „Flugtechnik" (S. 110) darauf hingewiesen, daß man Flugmaschinenprojekte nicht auf solche extreme Annahmen hin entwerfen solle, die in Wirklichkeit nicht eingehalten und ebensowenig kontrolliert werden können. Schon die Messung eines so kleinen Angriffswinkels kann bei so großen und stets etwas nachgiebigen Konstruktionen eine stets nur ungenaue sein, resp. nicht ohne relativ große Fehler vorgenommen werden. Was aber die am Schlusse der Patentbeschreibung angegebenen Zahlen betrifft, so sei zum Vergleiche mit den heutigen Zahlen der Praxis folgendes angeführt: Pénaud nimmt für den ganzen Apparat, inklusive zwei mitfahrenden Personen, ein Gewicht von ungefähr 1200 kg an; beim Wettfliegen in Rheims im Jahre 1909 hatte ein Blériotapparat mit zwei Personen ein Gewicht von 745 kg, ein Farmanapparat 635 kg. Die bisher leichteste Flugmaschine dürfte die „Demoiselle" von Santos Dumont sein, sie wiegt inklusive Piloten nur 200 kg (nach anderen Angaben 136 kg) und hat einen Motor von 18 PS. Pénaud setzt einen Motor von 20—30 PS. voraus, Blériot hatte einen von 50 PS. Die Geschwindigkeit ist bei Blériot 65 und bei Farman 56,3 km in der Stunde, gegen Pénauds 90 km. Die Spannweite bei Pénaud 18—30 m, bei Blériot zirka 9 m.

* * *

Es ist nun lehrreich, zu erfahren, daß auch in neuester Zeit ziemlich erhebliche Einwendungen gegen Pénauds obigen Entwurf eines Aeroplans erhoben wurden, und diese Einwendungen selbst zu kritisieren. Und da ist zuerst der tüchtige Flugtechniker und Geschichtschreiber der Aviation, Chanute, der übrigens Pénauds Leistungen sehr hoch stellt, zu nennen. In seinem, aus dem Jahre 1894 stammenden Werke: Progreß . . sagt er: „Ich glaube nicht, daß es (das Projekt) Erfolg gehabt hätte, aber es hätte wichtige Daten gebracht. Abgesehen von der Schwierigkeit, einen leichten Motor zu beschaffen, ist es auch fraglich, ob die allgemeine Form des Apparats die beste war, um in der Luft zu gleiten, und ob die Längsstabilität so gut gewesen wäre wie in seinem Modell. Ferner muß doch die Aenderung der Neigung des Horizontalsteuers beim Heben und Senken des Apparats auch die Position des Druckmittelpunkts alterieren, es ist jedoch für eine dementsprechende Aenderung der „Schwerpunktslage" nichts vorgesehen und ebensowenig für den Fall einer Aenderung des Platzes des Piloten oder des Brennstoffes u. dgl. Dies war der schwache Punkt des Entwurfs, weil ja der Druckmittelpunkt nicht mit dem Schwerpunkt zusammenfällt."

Hierzu sei folgendes bemerkt: Es ist schwer anzunehmen, daß Pénaud, der sich theoretisch wie praktisch so viel mit dem Widerstand gegen Flüssigkeitsströmungen befaßt hat, gerade für sein Aeroplanprojekt eine ungünstige Form gewählt hätte; wir haben seit Pénaud in dieser Beziehung keine Fortschritte von Bedeutung gemacht, und ich wenigstens ersehe aus der Zeichnung nicht, daß die Form des Apparats fehlerhaft entworfen wäre. Daß der Einwand der Wahrscheinlichkeit ungenügender Längsstabilität hinfällig sei, ist durch die heutigen Erfahrungen an Drachenfliegern mit Pénaud-Steuer erwiesen, Pénauds Modell hat sich also auch im großen bewährt. Was die Aenderung des Schwerpunkts betrifft, so ist in der Tat bei Pénauds Entwurf nichts vorgesehen, um dessen Folgen zu kompensieren; aber auch bei den jetzigen Flugmaschinen ändert sich der Schwerpunkt, z. B. durch allmähliches Konsumieren des oft nicht unbedeutenden Benzinvorrats, und doch ist nichts dagegen vorgesehen; Pénaud ist daher nicht überholt worden. Tatsache ist übrigens, daß aus diesem Mangel auch bei unseren Drachenfliegern sich keine Unannehmlichkeiten ergeben haben. —

Andere Einwendungen gegen Pénauds Aeroplan-Projekt hat Kreß in seiner im Jahre 1905 erschienenen „Aviatik" erhoben. Nach seiner Meinung besaß der Aeroplan, resp. dessen Zeichnung, ein viel zu kleines und zu nahe an der Hauptfläche angebrachtes Steuer. „Dieser Apparat hätte keine Stabilität haben können, war überhaupt ein verfehltes Projekt und kam auch nicht zur Ausführung." Es ist jedoch wohl nicht angängig, wegen der eventuellen Kleinheit der Steuerfläche ein solches Projekt für fehlerhaft zu halten, denn sonst müßte man fast sämtliche heutigen Drachenflieger als fehlerhaft ansehen. Ist es doch bekannt, daß selbst die erfolgreichsten Konstrukteure immerfort an der Größe, Lage, ja selbst an der Form der Steuer

Aenderungen vornehmen; selbst Blériot hat an seiner erfolgreichen Type Canal-la-Manche diesbezüglich Neuerungen in Größe und Form des Steuers angebracht, und wenn man die neueste Type von 1910 mit jener von 1909 vergleicht, so ersieht man auf den ersten Blick, wie radikal diese Neuerungen sind. Dabei ist noch fraglich, ob Pénauds Steuer wirklich nicht gut funktioniert hätte; ein Hauptteil der Mittel für Längsstabilität besteht ja nach der Patent-Beschreibung in der Aufbiegung des hinteren Teiles der Tragfläche, dann kann eben das Steuer bedeutend kleiner sein, als das heute der Fall ist, wo solche Aufbiegungen nicht angewendet werden. Daran hat der Kritiker wohl nicht gedacht. Und wenn wir schließlich annehmen wollen, Pénaud hätte in der Tat nicht gewußt, was wir heute nach den zahlreichen Versuchen im großen wissen, nämlich, daß das Steuer größer und weiter entfernt von der Tragfläche angebracht werden müsse, als es in seiner Zeichnung der Fall ist, so können wir mit Sicherheit voraussetzen, daß Pénaud nach einem oder wenigen Versuchen mit seinem *ausgeführten* Drachenflieger mindestens ebensogut die richtigen Verhältnisse gefunden hätte, wie irgendeiner der heutigen Aeronauten oder Piloten. Daß Pénauds Aeroplan keine Stabilität gehabt hätte, ist nach dem, was ich gegen Chanute und auch soeben betreffs der Aufbiegung hervorgehoben habe, gänzlich unstichhaltig.

Und wieso soll Pénauds Projekt „*überhaupt*“ ein *verfehltes* gewesen sein? Zu dieser Ansicht fehlt jeder Anhaltspunkt; gerade das Gegenteil ist der Fall, fast alle heutigen Flugmaschinen sind, bis auf sekundäre Bestandteile oder Arrangements, Abbilder des Pénaudschen Aeroplans; der einzige wichtige Fortschritt ist die Steuerung durch Verwinden der Tragflächen bei *Wrights* Drachenflieger oder die Surrogate dieser Modelle, die aus geschäftlichen, nämlich Patent-Streitigkeiten, hervorgewachsen sind. Und nun gar der Satz: „kam auch nicht zur Ausführung“! Das sieht so aus, als ob der Entwurf nicht zur Ausführung gekommen wäre, weil man von seinem Unwert überzeugt gewesen wäre, und als ob diese Ueberzeugung eine damals wie heute gerechtfertigte gewesen wäre. Was soll denn das beweisen? *Wie viele Flugmaschinenprojekte kamen nicht zur Ausführung, deren Urheber von der Vortrefflichkeit derselben fest überzeugt waren und sind?*

Seien wir vorsichtig, verurteilen wir nicht zu schnell und nicht in Bausch und Bogen, sonst gelangen wir dahin,

7*

daß „überhaupt“ kein Projekt Unterstützung findet. Was aber Pénaud betrifft, so ist es richtig, wenn Ingenieur M. Armengaud an Kapitän Ferber schrieb: „Aus der Patentbeschreibung und Zeichnung vom 18. Februar 1876, die ich Ihnen sende, werden Sie konstatieren können, daß diese beiden Erfinder (Pénaud und Gauchot) jene Prinzipien präzisiert haben, auf denen die heutigen Aeroplane beruhen, und daß ihr System von Tragflächen, Steuerflächen und Doppelpropellerschraube in einer Weise disponiert ist, die sich wenig von jener des Apparats Wright entfernt.“

Uebrigens wurde Pénaud bei aller Gegnerschaft dennoch, wie Ferber mitteilt, von Einigen sehr hoch geschätzt, und wir müssen seinen Worten beistimmen, wenn er sagt: „Die neuen Generationen, welche dieser glorreichen Erfindung teilhaftig wurden, dürfen den Namen des großen Pioniers nicht vergessen, der lange vor allen anderen das wußte, was zu tun sei und es auch der erstaunten Welt gerne gezeigt hätte.“

X.

Nunmehr einiges über die Persönlichkeit und die Schicksale Pénauds.

Er war ungefähr zwanzig Jahre alt, als er begann, sich mit Flugtechnik zu befassen, und Anlaß dazu war der Umstand, das er wegen Kränklichkeit — er war infolge von Muskelrheumatismus an beiden unteren Extremitäten gelähmt und mußte sich der Krücken bedienen — für die Marine, seinem Lieblingsgebiet, nicht tauglich befunden wurde. Er mußte daher fast seine ganze Zeit im Zimmer zubringen und beschäftigte sich nun ungefähr zehn Jahre hindurch mit Luftschiffahrtsproblemen der verschiedensten Art, sogar auch mit Beobachtungen des Vogelflugs. Er wurde Mitglied der Société Française de navigation aerienne, später auch ihr Archivar und Mitglied der Redaktion ihrer Zeitschrift l'Aéronaute, die im Jahre 1868 begann und noch heute zu den angesehensten aeronautischen Zeitschriften zählt. Er war wohl das fleißigste Mitglied jenes Vereins und scheint, wie ich aus einigen Andeutungen in dem oben angeführten Werken von Chanute entnehme, dort manche Gegner, ja Feinde, aus eifersüchtigen Motiven besessen zu haben; und das soll sich besonders zu der Zeit gezeigt haben, als er sein, zusammen mit Gauchot entworfenes Projekt eines Drachenfliegers, das er zur Patentnahme anmeldete, publiziert hatte.

Daß Pénaud von seinen Kollegen nicht genügend geschätzt wurde, geht auch aus einer Bemerkung Ferbers im Anfang eines Artikels l'oeuvre de Pénaud hervor; er sagt dort: „Ich traf in der Lesehalle eines der elegantesten aeronautischen Zirkel von Paris einen jungen Mann, der seinen Kopf niedergebeugt hatte und in der Lektüre des l'Aéronaute vom Jahre 1872 — wo der fundamentale Artikel über das freifliegende Modell eines Drachenfliegers und seine aerodynamischen Eigenschaften nebst den zugehörigen Rechnungen enthalten ist — versenkt war. Plötzlich rief der junge Mann aus: „Diese Leute da wußten alles." Ich beugte mich nieder und sah den Namen Pénaud; ich errötete, denn wenn auch alle Welt, und wir mit, Pénaud gefeiert haben, so geschah das noch lange nicht genug. In Wahrheit, dieser Mann hat alles gemacht, und man gibt ihm noch immer nicht den Platz, der ihm gebührte."

Der Kommandant Charles Rénard, das andere große Genie in der Aeronautik, der dieselbe Bedeutung für die Theorie und Praxis der Luftballone wie Pénaud für die Flugmaschinen hat, berichtet, er habe Pénaud nur einmal, und zwar im Jahre 1876, gesehen, aber nie mit ihm gesprochen. „Er sah sehr krank aus und starb bald darauf. Mein Bruder Paul Rénard (der heutige Major und Ballontechniker) sagte mir immer, Pénaud verstehe die Sachen besser als jeder andere . . . von seinem mechanischen Vogel war mein Bruder entzückt . . . Pénaud vermachte der Akademie der Wissenschaften eine gewisse Geldsumme zur Belohnung aviatischer Arbeiten, und der Preis kam an Hureau de Villeneuve, der ein wertloses Modell eines mit Dampf betriebenen Vogels, dessen Kessel am Boden stand, eingereicht hatte. . . . Hervé (ein sehr geschätzter Ballontechniker) übergab uns in Chalais (der berühmten militärischen aeronautischen Versuchsanstalt) im Jahre 1890 aus dem Nachlaß Pénauds eine Anzahl von aviatischen Broschüren seiner Bibliothek; sie hatten neben dem Namen des Autors stets auch eine Zahl von Pénauds Hand, von 1 bis 20. Wir kamen dann darauf, daß diese Zahlen die Abschätzung des Wertes jener Broschüren angeben sollten, und bei der Durchsicht fanden wir Pénauds Schätzung ganz richtig."

Auch der Ingenieur und Flugtechniker M. Armengaud machte Ferber einige Mitteilungen über Pénaud, ebenso V. Tatin, wohl der älteste unter den lebenden Flugtechnikern, und durch seine feinen Arbeiten als Mechaniker berühmt. Tatin schrieb: „Mit Pénaud kam eine neue Aera für die

Aviation. Vor ihm wurden viele Versuche gemacht, aber kein Apparat (nämlich kein Drachenflieger) wollte fliegen; es erschienen Artikel und Bücher, dennoch flogen die Apparate nicht, bis Pénaud kam und siegte. Er war seiner Zeit zu weit voraus, daher folgte man ihm nicht. Er starb in Verzweiflung." — —

Mit diesen letzten Worten Tatins nähern wir uns dem schrecklichen Ende Pénauds. Im Jahrgang 1876 des l'Aéronaute steht die Mitteilung, Pénaud sei wegen schlechter Gesundheit aus dem Redaktionskomitee und als Archivist ausgetreten. Von nun an nahm seine Krankheit immer mehr zu, der blonde und bleiche, sehr magere, mittelgroße Mann mit der sanften Stimme sah immer schlechter aus, er kränkte sich über die Nichtbeachtung seiner Arbeiten und schien, wie Armengaud erzählt, an den Kollegen deswegen mit Verachtung vorüber zu gehen. Auch das Unglück des Ballons Zenith, bei dem Crocé Spinelli und Sivel verunglückten, ging ihm sehr nahe, und er wurde seitdem immer düsterer. Er sehnte sich nach Ausführung seines Drachenfliegers, und dazu verlangte er einen Motor von höchstens 10 kg pro Pferdekraft. Da das die Dampfmaschine nicht bieten konnte, dachte er an Explosions-Motoren und an mögliche Verbesserungen der Maschinen von Lenoir und Otto-Langen. Zum Zwecke des Baues genügend leichter Motoren wandte er sich nun an einen Konstrukteur und Erfinder ersten Ranges, der zugleich Bedeutendes im Ballonbau geleistet hatte, nämlich an Henri G i f f a r d. Dieser aber wollte auf Pénauds Ideen nicht eingehen und ihn in keiner Weise unterstützen, denn e r g l a u b t e n i c h t a n d i e M ö g l i c h k e i t, o h n e B a l l o n z u f l i e g e n, hielt also alle Bemühungen für Flugmaschinen für aussichtslos, interessierte sich zu dieser Zeit am meisten für die Konstruktion großer Kaptivballone und eine neue Art der Erzeugung von Wasserstoffgas. Dieser Refus Giffards und die fortgeschrittene schmerzhafte Krankheit brachten Pénaud zum Entschluß, sich das Leben zu nehmen. Im Jahre 1880, in seinem 30. Lebensjahre, tötete er sich durch einen Revolverschuß und übersandte noch vorher seine sämtlichen aeronautischen Detailstudien in einer Kassette an Giffard.

Und hier reiht sich eine andere Tragödie an die von Pénaud. Jeder Techniker und jeder Maschinist kennt nicht nur den Namen, sondern auch die große Erfindung Giffards: den Injektor. Eine Leistung, die zu den genialsten und originellsten aller Zeiten gehört und, nach meiner Meinung, an überraschender Wirksamkeit jede Erfindung Edisons übertrifft.

Nun, dieser Giffard, nachdem er mit seiner Erfindung viele Millionen erworben hatte, verwandte dann alle Mühe auf die Herstellung lenkbarer Ballone und Fesselballone. Da näherte sich ihm die Gefahr, zu erblinden. Das quälte ihn so sehr, daß er alle Arbeiten einstellte, und eines Nachmittags legte er sich auf sein Ruhebett, nahm einen Gasschlauch in seinen Mund, öffnete den Hahn und starb den Erstickungstod.

Die Manuskripte Pénauds aber vermachte Giffard den Brüdern Tissandier, den bekannten Aeronauten. Der eine derselben starb vor nicht langer Zeit, der andere, Paul Tissandier, besitzt jene Schriften noch, soll aber, wie es in Ferbers Artikel heißt, noch keine Zeit gefunden haben, sie zu ordnen.

Vom Verfasser erschienen folgende **flugtechnischen** Arbeiten:

Ueber die Quelle und den Betrag der durch Luftballons geleisteten Arbeit (Sitzungsberichte der kais. Akademie der Wissenschaften, Aprilheft, Jahrg. 1875)

Ueber die gegenwärtigen Kriegsvorbereitungen im Gebiete der Luftschiffahrt (Neue freie Presse, September 1879)

Ueber eine Flugmaschine von Edison und das Programm aeronautischer Versuche im Allgemeinen (Neue freie Presse, Juli u. August (Nr. 5716 und 5723) d. J. 1880)

Ueber die Fortschritte und die Aussichten im Gebiete der Luftschiffahrt (Zeitschr. f. Luftsch. sämtliche 12 Hefte des J. 1888)

Flugtechnik I. Heft (ein revidierter Sonderabdruck der Aufsätze in der Zeitschr. f. Luftsch. 1889, bei H. W. Kühl, Berlin)

Flugtechnische Studien I. Ueber einige Flugtechnische Grundfragen (Zeitschr. f. Luftsch. August und September 1896)

Flugtechnische Studien II. Ueber Sinkverminderung (Zeitschr. des Oesterr. Ingen.- u. Archit.-Vereins 1899, Nr. 4 u. 5

Zur Beurteilung der v. Loessl'schen Sinkformel (Zeitschr. des Oesterr. Ingen.- u. Archit.-Vereins 1899, Nr. 18)

Ueber das Sinusproblem und das Verhältnis der Flugarbeitsgrössen bei ebenen und gewölbten Flächen (Flug- u Motortechnik, 1910, Nr. 9. u. 10).

Druck von Siegfried Scholem, Berlin-Schöneberg.

Druck von Siegfried Scholem, Berlin-Schöneberg, Hauptstr. 8

FSC
www.fsc.org
MIX
Papier | Fördert gute Waldnutzung
FSC® C083411

Zeitfracht Medien GmbH
Ferdinand-Jühlke-Straße 7
99095 Erfurt, Deutschland
produktsicherheit@kolibri360.de